HERBS
香草百科

2023年
暢銷改版

品種、栽培與應用全書

香草植物研究家 尤次雄 著

目錄 CONTENTS

收錄的香草種類

本書所收錄之香草植物主要原產於歐洲地中海沿岸，此外也含括世界各

地區及台灣的原生品種。可分為：

1. 原產於溫帶地區的香草植物，如薰衣草。
2. 觀賞植物，主要作觀賞花卉用，如耬斗菜、飛燕草。
3. 藥用植物，如何首烏、金絲桃。
4. 蔬果植物，如蘆筍、西番蓮。
5. 毒性植物，如毛地黃、桔梗蘭等。

圖鑑百科體例

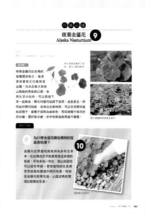

❶ **植物科名**：依科名中文筆畫排序
❷ **植物屬名**：依屬名中文筆畫排序
❸ **植物英名**
❹ **植物學名**
❺ **植物特徵**：介紹生長型態及花、葉等重點特徵
❻ **生活應用**：介紹料理、茶飲、芳香、佈置、觀賞、藥用等利用方式
❼ **栽培條件、年中管理**：提供台灣在地栽培的生長條件與年中管理
❽ **植物特寫**：呈現植株重點部位特徵、型態與顏色，方便比對。
❾ **同屬品種**：在主要介紹品種下，列出代表性的同屬品種（含亞種、近緣品種等），介
　　　　　　　紹重點特徵、應用與照顧方式。栽培條件與年中管理大致相同。
❿ **香草小常識**：針對常見的香草植物疑問特別說明。

特別附註：
本書內容中所提到的任何香草功效及幫助，僅提供養生參考，不涉及任何療效，若有疾病的患者，必須透過合格的
中西醫師進行診斷及開立處方。

讓您一次通曉
「香草」在台灣栽培與應用的全知識

所謂「香草」或「香藥草」，英文為 herb(s)，源自於拉丁文 herba，最初指的是綠色的草本植物；之後泛指「凡是對人類日常生活有幫助的花草（不一定具有香氣，也不一定是草本）；因此廣義的「香草」包括「香料」（香辛植物，spices)。

香草應用的歷史相當久遠，有學者認為香草植物的使用可以追溯至史前時代，比較可靠的是世界四大古文明（美索不達米亞、埃及、中國、印度）都各有其利用的「本草」或「藥草」，也可說是「民俗植物」的一大類。現在通稱的「香草(herbs)」主要指古埃及再傳至古希臘、羅馬一帶的「西方香草植物」。

悠久又多元的生活應用

由於香草與人類關係久遠而密切，因此用途也非常多元，可供作藥用、食品、料理、飲料、香水或精油等產品，也是花園景觀佈置的良好材料。更因為香草同時具有視覺、嗅覺、味覺和觸覺等多重感官體驗，具有保健療癒效果，所以是芳香療法 (aromatherapy)、療癒花園 (healing garden) 和園藝治療 (horticultural therapy) 等領域最常運用的植物種類。

香草植物由於上述多種好處，深受人們的喜愛。因此早年由國外引入時，掀起一股風潮；然而由於大多數香草種類原生溫帶或地中海氣候環境，與台灣平地溫暖多濕的環境不太相符，尤其是度夏的困難，造成栽培上的挫折感，也影響香草產業在台灣的進展。

一次通曉「香草」在台灣的栽培與應用

尤次雄先生是位令人敬佩的香草專家，不但親自栽培、研究香草，也成立「香草屋」和「台灣香草家族學會」推廣香草，更出版多本香草專書，是台灣香草事業主要推動者之一。本書《Herbs 香草百科》是其最新力作，從書名也可看出其企圖心—讓您一次通曉「香草」在台灣栽培與應用的全知識。

全書分四個章節，第一章「認識香草植物」概論香草的起源、形態和多元應用方式，使讀者對香草有初步的瞭解；第二章「香草的種植與照顧」是介紹日照、溫度、水分、介質、換盆、施肥、病蟲害防治、修剪、防寒避暑和繁殖方法，是非常適用於台灣栽培香草植物的重要知識；第三章「香草圖鑑百科」佔全書最主要的篇幅，介紹近 270 個香草種類或品種（幾乎是現在台灣可以見到的香草種類大全），分別簡介其：植物特徵、生活應用、栽種條件、年中管理曆，精簡而實用；最後則是第四章「香草生活應用大全」，包含料理、茶飲、芳香療法和景觀佈置四個部分，參閱後運用可提升生活品質。

筆者在大學任職多年，亦從事部分香草的栽培技術、療癒活動與香草茶之研發，拜讀本書後仍覺得獲益良多。相信本書無論對於初學者或長期香草栽培和應用者，均會有不同層次的體會與收穫，因此樂意推薦給讀者共享！

國立臺灣大學園藝暨景觀學系教授

香草生活實踐家

香草植物是大自然給人類的一項恩賜,從觀賞、飲食到藥用,無一不是寶!尤其香草散發出來的美妙芳香,透過嗅覺帶給我們無限的愉悅,舒解精神壓力。

我個人因為長期從事園藝工作的關係,經常有機會看到國內外的各種花園,其中對歐美那優雅的香草庭園特別具有好感。民國 83 年我任職台北市瑠公農業產銷基金會時,因大台北地區要發展休閒農業,我就決定用西洋香草作為主題,向瑠公水利會申請到一項長期計畫,前後 10 年間,從世界各地引進了二百多種香草植物,在陽明山菁山苗圃進行試種。

香草的引種試種是一回事,要把它成功的推廣出去才是大學問,就在這時候,因緣巧合下認識了剛從日本研習香草回國的尤次雄先生,他對香草植物的種類用途相當熟稔,又有專業的企管行銷背景,所以不但自己成立了香草屋工作室,還整合了一群來自各行業的香草同好,成立台灣香草家族學會,成為台灣香草事業推廣的尖兵,很快就造成了一股香草熱潮。

20 年來,我很慚愧的已經逐漸淡出香草圈子,而尤次雄先生憑著對香草植物的誠摯熱愛,一直堅守崗位,從演講授課到寫書著作,從不間斷,而且身體力行,親自經營香草花園,堪稱真正的香草生活實踐家。這本《Herbs 香草百科》是他多年來收集體驗的心血結晶,相信一定可以帶給香草愛好者莫大的助益。

前瑠公農業產銷基金會執行長

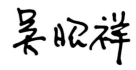

香草療癒力

這是十多年以來，出版市場上，收錄適合台灣在地種植，品種最多的一本香草生活應用全書，可以滿足你，看得到，買得到，種得活，超活用的栽培樂趣。

與作者尤老師相識十多年，竟然到了此刻才有機會出版這部大作，是因緣俱足了吧。十多年前剛開始接觸香草，想要採訪有關知識，尤老師無疑是首選，因為他很熱心分享香草的好，推廣香草的應用；十多年後，他仍與香草分不開，似乎香草就等於他，我想這份因緣是香草療癒了他，因此他也熱切地想要分享香草的療癒力。

在許許多多的植物中，很少像香草這麼多功能，從料理、茶飲、芳香、花藝、工藝到園藝，所以不論是當主角或當配角，好像香草總在你身邊的感覺，從五感的接觸之中，就可以感受她，也就是因為這份親近感，有如「陪伴」，才會特別顯出她特有的療癒效果。

這本書所挑選的香草，都是台灣在地買得到，相對好種的品項，透過尤老師自己親身種植經驗的傳授，我相信對喜歡種植的朋友，具有非常實用的參考價值。除了種植的參考性，作者把多年來對香草的實際應用分享得非常詳盡，對喜愛香草生活應用的朋友，無疑是增加日日好生活的創意提案。一本日文書開啟了尤老師的香草之路，希望這本書《Herbs 香草百科》也能開啟你對香草的喜愛，進而應用到生活，美好你的人生。

社長

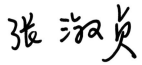

自然健康與生活

很多人問我，為什麼會喜歡香草植物，而且一接觸就是 26 年之久。我總是笑著回答：因為香草植物就是對人類有幫助的花草，除了可以讓我們回歸自然、促進健康、當然更重要的就是可以生活運用。

回歸自然

在科技化的人類進步的前提下，所造成對環境破壞，以及大自然的反撲下，愈來愈多人選擇與植物為伍。在全世界無數種類的植物中，除了供給人類生存所必備的所需，更帶來許多的好處。在歐美等進步的國家中，香草植物儼然已經成為生活中的一部分。藉由香草植物的認識、栽培與運用，讓我們得以與大自然和平的相處。接觸香草植物這些年來，深深的感受到與大自然相處的無比幸福感，26 年前從一批種子開始嘗試，體會到植物發芽所帶來的無限生命感，直到現在在陽明山「時光香草花卉農園」，種植了許多香草植物與各式的季節花卉。在這過程中，感謝大自然始終給予我最美好的氛圍，也因此更加深了我研究的熱情。在回歸自然的過程中，分享與付出就是人生最美好的部分；愛惜大自然，更是最重要的您我使命。

促進健康

在接觸香草植物之前，由於工作壓力，導致經常偏頭痛，當時真的是健康上出現了很大的問題。自從栽種與運用香草植物之後，整個生活變得規律，也因為放鬆了壓力，偏頭痛就不再找上我了。我明確的相信接觸香草植物，讓我每天維持運動的習慣，由於運動，整個身體也就明顯變好；加上環境的改變，在充滿綠意的世界中，我感覺到特別的舒暢與快樂；在心靈方面，也因為栽種與運用香草植物，進而充滿自信；還有營養上的幫助，香草植物、甚至食用花，都是具有高營養價值的，所以無論沖泡茶飲、或是烹調料理，都可以隨手一摘即可運用。甚至在人際關係方面，也因此單純，而周遭都是喜愛香草的同好，大家一起分享香草生活

的樂趣；正也就是這運動、環境、心靈、營養與人際關係，帶給我最大的健康來源吧！

生活運用

開頭提及香草植物最大的好處與樂趣，就在於生活運用。舉凡料理、茶飲、健康、芳香、園藝、花藝、工藝、染色等各方面，都可以運用。料理方面，香草分為三個層面，有的直接食用、有的則是取其香氣，而不直接食用、有的則是乾燥後再加以應用；茶飲方面，香草可以沖泡出變化無窮的搭配；健康方面，則是與上述的五項促進健康元素互相結合；芳香方面，配合芳香療法，可以運用精油、純露及各種衍生的保養品；園藝方面，結合園藝療法，並進行居家的花園設計；花藝可以布置美化居家或辦公環境；工藝可以進行許多手作；染色則是結合自然的元素；應用在服飾方面。這種與我們生活食衣住行育樂相結合的生活運用，正是現代人所需要的。在推廣香草植物這些年來，也看到許多的香草餐廳、香草農場、甚至香草相關產品專賣店陸續成立，在在說明香草植物正是與我們日常生活是息息相關的。

自從 11 年前在陽明山成立了「陽明山時光香草花卉農園」後，我又得到更多與香草植物相處的機會，也有更多的香草同好會來農園進行心得的交流。2015 年出版這本《Herbs 香草百科》，2018 年再版，如今又進行三版的改版，除了感謝出版社的大力支持外，還有許多老師們的協助，更重要的是，這次再加上更多的香草生活幸福手作，希望藉由本書，能讓您我的生活中，增添更多的樂趣，再次感謝大家。

香草植物研究家 尤次雄
2023 年 6 月

CHAPTER
1

Introduction to Herbs

認識香草植物

香草的定義

▌ Herb —什麼是香草？

Herb，這簡單的四個字母，在國外幾乎每個人都耳熟能詳，一提到Herb，總是令人聯想到：好吃的料理、芳療法中的精油、漢方藥等。簡單的說，「Herb」就是對日常生活有幫助的花草總稱。

還記得多年前達斯丁霍夫曼主演的電影「畢業生」的主題曲，歌詞提到「Parsely sage rosemary and thyme」（荷蘭芹、鼠尾草、迷迭香、百里香）四種香草，在當時造成很大的轟動。實際上，Herb在拉丁語中的語源Herba，意即綠色的草。早期界定，凡是對人類日常生活有幫助的花草（不一定具有香氣），即被視為Herb，這是最初也是最廣泛的定義。

香草的英文「Herb」在拉丁語源意為「綠色的草」。廣義上，只要是對人類有幫助的草木統稱為「香草」。

▌ 狹義的香草

Herb剛引進台灣時，翻譯名稱相當紊亂，包含品項有天然作物、特作植物、藥用植物、香藥草等。直到2000年12月，行政院農業委員會台南區農業改良場，與台灣香草家族事業聯盟舉辦「與香草有約」活動，正式將香草名稱定義為：「主要原產於溫帶地區，植物的全株或一部分（根、莖、花、葉、種子或果實），具有香氣，可以運用於日常生活，對人類有幫助者，即稱之為「香草植物」，簡稱「香草」。至於平時使用在糕餅及冰淇淋中的香草（Vanilla），則改稱為「香草蘭」。

狹義的香草意指植物的一部分或全株具有香氣，可以運用於日常生活，對人類有幫助。

▌本書收錄的香草植物

本書總共記錄265個品種與同屬品種，除了包括一般耳熟能詳的香草植物（如薰衣草、迷迭香、百里香等原產於溫帶地區者），另外也包括觀賞植物（如樓斗菜、飛燕草，主要作觀賞花卉用）、藥用植物（如何首烏、金絲桃）、蔬果植物（如蘆筍、西番蓮）、毒性植物（如毛地黃、桔梗蘭等，誤食花朵或果實，會有輕微中毒現象。但相對也可當藥草），讓這些周遭經常可見的植物，更加豐富生活。當然難免有遺珠之憾，期待未來能持續增加更多香草品種，以作為國內香草愛好者，可以經常加以運用的參考書。

台灣古早就大量使用的佐料、蔬果和藥用植物，大都也屬香草植物的品種。

香草的歷史

▌與人類文明共成長

人類開始栽培與運用香草植物，可遠溯到1萬年前，幾個古代文明發祥地如埃及、中國，都有相關記載。隨著文明的擴充，周邊區域也跟著發展起來，特別是地中海沿岸的古希臘與古羅馬，藉由文明的交流，不斷累積香草植物的知識，並且主要應用於醫學及藥學的領域。

隨後，中世紀的修道士，在各修道院成立香草園，將香草植物運用到日常生活中。當時，香草植物還成為巫術與魔女最愛的代名詞。15、16世紀大航海時代，為了爭奪香料，甚至引發戰爭。西方發現新大陸後，更將原產於溫帶的香草植物，擴大到熱帶與亞熱帶。1931年，英國出版《A Modern Herbal》一書，記載了約2600種香草植物。隨著殖民地的擴大，香草植物進入大量栽培的時代。

▌香草正夯，從引進到風行台灣

台灣從日據時代開始，就引進薄荷、香茅、樟腦等香草植物，作為經濟作物，並且為當時的台灣帶來大量外匯收入。近期則是在1990年左右，由國立屏東科技大學農園系傅炳山教授，首先從日本引進香草種子回台栽種。1995年台北陽明山的竹子湖地區，海芋遭受到病害，於是瑠公農業產銷基金會從加拿大引進香草植物種苗，在

香草植物比人類更早存在地球，並且與人類歷史同步發展。早在石器時代人類就開始運用香草。

1999年尤次雄在台北成立台北香草屋，占地約14坪，當時在此就能發現至少120種的香草。

台北香草屋內的展售區，陳列著琳瑯滿目的香草小盆栽。

陽明山菁山苗圃進行試種。後來竹子湖的海芋復育成功，由於當時香草風氣尚未成熟，加上當地居民已經習慣以海芋為主要觀光賣點，因此台灣的普羅旺斯計畫即宣告暫停。但大批的香草植物種苗存留下來，在當時計畫的主持人吳昭祥先生的推薦下，介紹到園藝種苗業者的手中。

日本神戶大地震後的1997年，筆者到日本關西地區進行考察，發覺日本正興起一股香草熱潮，特別在災區神戶的布引香草園加以研究考察。回國後在1998年整年度進行香草的栽培與運用，並於1999年成立台北香草屋，進行香草生活化的推廣。另外筆者出版的台灣第一本完全香草指南《香草生活家》也創下園藝類暢銷書的先例。2002年11月29日，在台南區農業改良場的大力協助下，台灣香草家族學會正式成立，成為台灣第一個推廣香草的正式組織。之後香草花園紛紛設立，吸引愈來愈多愛好者的足跡，花市或園藝店裡的香草植物，則成了家庭主婦的最愛。其中，台南區農業改良場於2001年起委託種苗公司進口400餘種香草活體品種，試種觀察並提供給農民種植，這些品種是現在台灣香草品種多樣化的來源。

不可諱言，台灣的香草發展經過了競爭期，雖然部分經營者退出香草市場，但香草植物的熱潮並沒有因此衰退，反而不斷地往生活化的方向前進，這或許是在重實用性的台灣，推廣香草的必然結果。

簡單認識香草形態&構造

▌ 草本與木本

香草的成長型態,可以分為下列五種,並簡單區分為草本與木本。

1年生草本

包括耐寒性強與耐寒性弱(相對耐暑性強)兩種。

- **耐寒性強**:包括香菫菜、金蓮花等,於秋季播種,冬春開花,入夏前枯萎。
- **耐寒性弱**:如羅勒、紫蘇等,於春季播種,夏秋開花,入冬後枯萎。

香菫菜

甜羅勒

1至2年生草本

是指經過一個週期後,隔年還可繼續成長,如茴香、蒔蘿等。

多年生草本

在冬季或夏季,地上部位雖然枯萎,但入春或入秋後,會繼續成長,如薄荷、奧勒岡等。

奧勒岡

茴香

灌木

分為常綠與落葉兩種，因成長狀態又分為高性與矮性。常綠矮性如薰衣草、百里香；落葉高性如接骨木，但在台灣冬季並不落葉。

喬木

也分成矮性與高性，莖會形成木質化，變成樹幹，基本上都在2公尺以上，如檸檬桉、茶樹等

狹葉薰衣草

接骨木

澳洲茶樹

▌香草的 5 大構造

香草的植株本身，包括葉、莖、根、
花、果實及種子5部分。（圖為西班薰衣草）

花

主要作為授粉之用。

葉

主要進行光合作
用、呼吸作用與
蒸散作用。

根

主要吸收土壤中的水分
與養分，供應給地上
葉、莖、花等部位。

莖

主要進行支撐作用與
傳輸作用，但也有短
莖或不具備莖部者，
稱之為根出葉型植
物，如刺芫荽、檸檬
香茅等。

刺芫荽屬根出葉型。

果實及種子

開花授粉後，即形成果實，其中蘊含種子，種子甚至會進行自播繁殖。（圖為月桃）

香氣的來源！

香苞

香草植物中所含的特殊精油成分，會在葉背形成香苞（香囊），經由搓磨碰觸後會產生香氣，這香氣有時也會在花、莖或是根部中存在，可說是香草植物的最大特性。

多元的生活運用

▌料理的絕佳配料

在陽光與大地的滋養下，香草植物一年四季散發香氣，綻放美麗，並且與我們生活息息相關，可說是大自然的恩惠。

以香草品種最多的薄荷為例，信手摘下一片葉子，放在手掌心搓揉，所散發的香氣，立即令人聯想到早上使用過的漱口水，或是飯後提振精神的口香糖，是日常再熟悉不過的清涼味道。

當然，最能勾起味覺記憶的，還是料理方面的運用。像是在西餐廳可以享用到的羊排搭配薄荷醬、義大利麵受歡迎的青醬；夜市的蚵仔麵線中，一定會添加的香菜（芫荽），更是耳熟能詳。無論是餐廳或是家常料理，香草都是絕佳的提味幫手，而且除了到農場、超市採購，您更可以親自栽種喜歡的種類，舉凡自家庭院、公寓頂樓、陽台甚至是廚房旁靠近窗戶的角落，只要有日照、通風佳，都可以是栽培場所，供日常鮮採即食。

香草的料理應用非常普遍，成為日常生活熟悉的味道。

現採陽台的香草，新鮮入菜，安全無虞。

▌實用性高，茶飲、芳香、佈置皆適合

除了作料理配料，採摘1～3種香草，清洗後放入玻璃壺中，倒入熱水，就變成好喝的茶飲，於飯後飲用可以幫助消化。泡完茶的香草，還能用網袋包起，掛在浴缸邊的水龍頭下，作為芬芳的香草沐浴劑。至於喝不完的茶湯，待放涼後可澆入香草盆栽的土壤中，成為最天然的防蟲劑。生鮮或乾燥後的香草，都可製成香包，為空間帶來美好香氣，甚至能驅走惱人的小強，兼芳香與防蟲效果。此外，香草也能自製純露，或是運用天然精油做天然乳液、手工皂，達到美容與清潔的效果，取代人工的化學香料。

香草也很適合運用於環境佈置，點綴庭院、窗邊，花束、花圈、花環皆可信手拈來，創造充滿美的氛圍。製作押花等工藝，更可以陶冶身心，促進人際關係和諧。種種生活運用可說是變化萬千，這也是香草植物的最大特色。

生鮮香草茶飲。　　運用天然精油製作的香磚。

最喜歡一句話：「當文明愈往高科技走的同時，人類也必定愈回歸自然」，倘佯在大自然的恩惠中，正是香草生活所帶來的最大樂趣！好的，請暫時放下手中的智慧型手機或平板電腦，現在就從種植一株薄荷開始，進入香草生活的美好世界吧！

CHAPTER

2

Herb Cultivation

香草的種植與照顧

從種植一株香草植物開始，享受美好的生活樂趣吧！

香草栽培並不是件難事，藉由實際操作與不斷的演練，就能慢慢熟悉。其實後續的照顧與維護，才是決勝點。茲將自己這些年栽培與照顧香草的心得，與大家分享。

重點 1 日照與溫度

▌春、秋、冬全日照

香草植物的日照需求高，春、秋、冬三季須全日照，所謂全日照，是指上午到下午都能接受到陽光直射。

▌夏季上午半日照

夏季則為半日照，半日照有分上午或下午，通常以上午較為合適，因為下午太陽直射，溫度較高，香草植物比較不耐，所以上午的半日照環境較佳。

香草植物的日照需求量高，若日照不足會有徒長的現象，必須將植株移往陽光充足的場所。

▌主要成長期在中秋節～隔年端午

原產於地中海沿岸的香草植物，在台灣夏季容易枯萎。

大部分原產於地中海沿岸的香草植物，比較適合的溫度在15～25℃左右，因此在中秋節過後，到隔年的端午節左右，是主要成長期。端午節之後氣候高溫多濕，通常成長會比較衰弱，甚至枯萎。至於原產於熱帶、亞熱帶以及台灣原生種的香草植物，則比較不會受到影響。

原產於地中海沿岸的香草植物於9月～6月長得最好。

重點 2　供水與排水

水分是提供植物成長的重要元素，但絕對不是定時定量，主要是看植栽本身的需求。特別是大部分偏好乾燥環境的香草植物，在正確時機加以供水，才能幫助成長。

▊ 於土壤微乾～完全乾燥之間一次澆透

一般我們觀察土壤，可以分為濕、微濕、微乾及完全乾燥四種狀態，在土壤微乾到完全乾燥之間一次澆透，才是正確的澆水時機。所謂澆透，是指澆到盆底部的孔流出水為止。若是地植，則要澆到植栽的周遭完全濕透。

若水分不足，植株會呈現萎凋的現象，此時只要充分給水，一段時間過後，就能恢復生意盎然，但盡可能避免。另外澆水也要避免日正當中，否則容易造成葉片灼傷。

在土壤於微乾到完全乾燥之間一次澆透，才是正確的澆水時機。

▊ 盆植須有底洞，地植要堆壟做畦

除了供水外，排水也非常重要。因此盆植的盆具必須有底洞，地植則要堆壟做畦，以利排水。

盆器須有底洞。

盆植最好不要擺設底盤，若是要擺放底盤，務必確保無積水為原則，以免爛根及引來蚊蟲。

堆壟做畦以利排水。

重點 3 換盆

飽和的根部。

香草植物栽培，有所謂的移植與定植。植物的移植，須要按部就班，先從穴盤中取出小苗，換成3吋盆，再依序換成5吋盆，最後定植在7吋或8吋盆中，依序漸進，才能讓植株正常成長。

換盆時機
通常是在盆內的根系成長已達飽和的狀態時。

換盆時間
最好選擇在清晨或傍晚進行。

盆具選擇
以塑膠盆為主，由於質量輕及價格便宜，並可重複利用。陶瓷器亦可，但容易破裂是其缺點。

■ **換盆步驟**（以5吋盆換7吋盆為例）

1. 將植株從盆中取出。
2. 去除約1/3～1/2左右的舊土，並加以鬆根。
3. 在新盆底部添加1/3左右底土。
4. 放入10顆左右的顆粒狀有機氮肥。
5. 再度覆土蓋住肥料，約到盆子1/2左右的量，以免產生肥傷。
6. 將植株放入後，添加新土覆蓋。
7. 剛換好盆，必須立即供水，加以澆透。

盆植也可選擇長條盆或吊盆，或是做
成組合盆栽也非常合適。地植則可以
合植，但必須注意株間的距離。

▌地植步驟（以 5 吋盆定植於土中為例）

1. 將植株從盆中取出，去除約1/3～1/2左右
   的舊土，並加以鬆根。
2. 於土壘上挖出可完全放置植株大小的洞。
3. 放入20顆左右的顆粒狀有機氮肥。
4. 再度覆土，蓋住肥料。
5. 將植株放入後，添加新土覆蓋。
6. 立即充分供水，至植株周遭濕透為止。

重點 4 介質

▌地植

香草栽培一般分為地植與盆植兩種型態。地植多以現成土壤為介質，主要分為黏土、黏質性壤土、壤土、砂質性壤土、砂土等5種。耐寒性弱的香草如薄荷、羅勒、檸檬香茅等，可選擇黏質性壤土；若是耐寒性強的香草如薰衣草、百里香、鼠尾草則適合砂質性壤土。

▌盆植

盆植可採用市售的培養土，培養土是由泥炭土混合蛭石、珍珠石等人工介質。珍珠石等。另外也可以自己調配土壤，例如以2：1比例，混合陽明山土及椰纖，對香草成長也很合適。

▌注意保水與排水、通氣性、 酸鹼度

整體而言，好土壤必須符合：保水性好、排水性佳、通氣性強3個要件。

至於土壤酸鹼度方面，香草植物大都偏向弱鹼性，若土壤呈現酸性太高，可添加苦土石灰來加以中和。用過的土壤，經過日曬後，可依1：1的比例添入新土壤，加以利用。

好土壤必須符合：保水性好、排水性佳、通氣性強3個要件。

重點 5　施肥

除了充足的水分，養分的供給也很重要，其中重要的元素，包括氮、磷、鉀3種，微量元素則包括鐵、錳、鋁等。氮素的主要功能是促進葉片成長，磷素是幫助開花結果，鉀素則增進根莖成長。因此市售肥料中有區分養葉肥及開花肥，差別就在於含有的氮素與磷素成分。

3大元素的功能

氮 →促進葉片成長　*養葉肥*

磷 →幫助開花結果　*開花肥*

鉀 →增進根莖成長

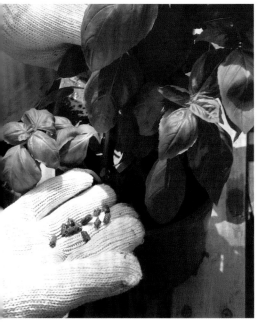

大部分的香草，並不需要太多肥料，因此建議於入春及入秋之際，適度施予肥料即可。

▌選擇植物性的有機肥料

肥料又分為化學肥料與有機肥料，前者比較速效，後者雖然緩效，但使用上比較安心。有機肥料多半是顆粒或是粉狀，分成植物性及動物性兩種。香草植物通常使用植物性的有機肥料。

▌施肥的時機與實作

施肥的實作，分為基肥與追肥兩種方式。基肥又稱基礎肥，通常是在移植換盆時，置放肥料於盆底土壤中；追肥則是在適當時機，置放肥料於盆植盆緣，或是地植的植株周遭。肥料切勿直接接觸根部，以免造成肥傷，同時也要加以覆土，避免發霉及孳生病蟲害。

重點 6 修剪

修剪是栽培與照顧香草的重要課題。許多人從花市或是園藝店買回香草後，就只進行供水及施肥，往往忽略了修剪這一環節，或是認為修剪只是去除枯葉而已。

實際上，修剪還能促進植株萌發新芽。而且修剪下來的葉片及枝條，還可用來進行扦插繁殖，或是作為料理、茶飲的材料，一舉兩得。香草修剪分為摘芯與摘蕾：

▌摘芯

主要是將芽點（兩片葉片之間的中間莖部稱之）上方的莖剪除，主要是幫助分枝，促進成長。例如薄荷就是愈摘芯，成長愈好。

▌摘蕾

將剛開的花苞，或是開過的花修除，一來減少養分流失，一來促進葉片再成長，或是開更多花。例如香菫菜、金蓮花等耐寒性強的1年生香草，趁其剛開花時陸續摘蕾，有助開出更多花朵供利用。而甜羅勒、紫蘇等耐寒性弱的1年生香草，透過夏、秋花季時經常摘蕾，可促進植株長出更多葉片。

▌ 塑型

修剪還能幫助植株塑型。如果經常修剪頂芽，植株會萌生側芽，形成叢狀；若是經常修剪側芽，植株會萌生頂芽，讓整體植株顯得高大。此外，經常修剪也可增加通風性，預防病蟲害。

▌ 修剪步驟

1. 除去盆栽的雜草與落葉。
2. 剪去枯黃的葉片。
3. 修剪芽點，以利側芽生長。
4. 可趁修剪時順便追肥。
5. 覆好土即完成。

修剪前

修剪後

修剪下來的葉片及枝條，不但可用來進行扦插繁殖，也能作為料理、茶飲的材料。

重點 7 病蟲害防治

香草植物的病害包括白粉病、鏽病、枯枝病等。主要靠預防來維持植物健康,除了保持通風,還要經常修剪,嚴重者則要直接銷毀植株,避免感染。蟲害方面,有紅蜘蛛、蚜蟲、夜盜蟲等。蟲害有許多防治方法,建議以非農藥害蟲防治法為首要。以下介紹2種較為簡便且效果不錯的方法:

▋ 種植忌避作物,配合輪作及間作

香草的栽種方式及場所,如果一成不變,時間久了,就容易產生病蟲害。而且對土壤中微量元素的利用也甚為不利。因此地植栽種者,可時時稍改變環境土壤,或混植忌避作物,在降低蟲害發生機率的同時,還能促進土壤活化。

▋ 利用辣椒液或粉末防治

辣椒果實萃取液或粉末,能有效防治螞蟻、蚜蟲、紅蜘蛛等。家中廚房的調味料,如黑胡椒粉、蒔蘿、薑、紅辣椒,內含辣椒素的成分,也有不錯的效果。但辣椒粉或溶液接觸到皮膚會引起過敏,因此施用時最好戴上手套操作,並小心避免吸入粉末和沾到眼睛。

辣椒果實萃取液或粉末,能有效防治蟲害。

忌避作物:

茴香

細香蔥

芸香

金盞花

辣椒

防寒避暑

重點
8

一般香草植物最適合的溫度在15～25℃之間，因此通常在春、秋兩季成長最佳，此時也較適合進行繁殖、修剪、換盆等作業。冬、夏兩季則是香草的衰弱期，這時可採取預防措施，幫助香草植物順利過冬和度夏。

▍冬季防寒祕訣

在低於15℃的冬季，耐寒性弱的多年生香草會顯得衰弱，甚至葉片枯黃。例如檸檬香茅會一直開花，葉片卻呈枯乾狀態，這時要將花穗及枯葉修剪掉，並且將盆植移至較溫暖處；如果是地植，則將修剪下來的枯葉覆蓋在植株土壤的四周，加以保溫，待春天後就會成長良好。另外，薄荷在冬季時，地下莖以上的葉片會顯得衰弱或枯萎，此時可加以修剪，待春天就會萌生新葉，成長茂盛。至於羅勒、紫蘇等一年生香草，則可收集開花後的種子，在春季進行播種。

修剪乾枯枝葉、將修剪下來的枯葉覆蓋在植株土壤，可加以防寒。

▍夏日避暑防颱祕訣

台灣夏季高溫多濕，加上颱風肆虐，往往會造成薰衣草、鼠尾草、百里香等香草枯萎。建議在入夏前，先進行修剪作業，並將盆栽移往陰涼處的半日照場所。地植栽種者，可搭設黑網遮陰。至於夏季惱人的颱風來襲時，盆植可暫時移至室內，地植則在植株旁立上支架，以免植株被強風吹倒。

將盆栽移往陰涼處或搭設黑網遮蔭。

香草植物往往會因為不適應環境及氣候，造成枯萎。此時不要傷心，也別怪自己是植物殺手，保持平常心，了解這是栽培過程難免會遇到的挫折，等氣候合適再栽種就好。

重點 9 繁殖方法

為了避免氣候、環境造成植物枯萎，最好的方法，就是盡量進行繁殖。繁殖分成有性繁殖與無性繁殖，前者為播種，後者則為扦插、壓條及分株。經由不斷的操作與練習，就可達到熟練。

繁殖 ┬ 有性繁殖 ── 播種
　　 └ 無性繁殖 ── 扦插、壓條及分株

播種

適合種類

播種為最基本的繁殖方式，特別適合1年生和1～2年生的香草。

施用時機

可分成春播及秋播，但總而言之，溫度最適合15～25℃之間。

施作方式

依種子大小為基準，分為點播、條播及散播。播種完須加以覆土，高度與種子大小相同，並先暫時置於半日照處。待本葉長出後，再陸續移至日照充足場所。

較大的種子（大於 1 公分）適合點播。

0.5～1公分的種子適合條播。

0.5 以下的小型種子適合散播。

可選擇穴盤或 3 吋盆進行播種，發芽時間依種類不同，但平均於 10～20 天左右萌芽，待成長茁壯再進行移植（換盆方法請參考重點 3）。

▍扦插

適合種類

多年生香草、灌木或喬木。

施用時機

中秋節～隔年端午節期間皆可進行。

施作方式（示範植物：迷迭香）

1. 準備穴盤或3吋盆，穴盤每格扦插1枝，3吋盆則是一次3枝。

2. 剪下香草的頂芽或側芽約10公分。

3. 去除底下約5公分的葉片。

4. 將枝條底部剪成斜面，以擴大癒合組織，增加發根率。

5. 將香草筆直插入土裡，並充分澆水。

完成

大約 20 ～ 30 天就會發根。待根
系發展穩固，就可進行移植。

▌壓條

適合種類
匍匐性的香草。
施用時機
一年四季皆可進行。
施作方式（示範植物：玉山石竹）

1. 將匍匐的莖壓入土中。
2. 待20天左右發根後，就可剪下連結原
   來莖的部位，並挖起已經發根的部
   分，帶土進行移植。

完成

▌分株

- **適合種類：**
  根出葉型的香草。
- **施用時機：**
  一年四季皆可進行。
- **施作方式：**（示範植物：蘆薈）
1. 將植株整個挖起
2. 用手或剪刀撥開及鬆根。
3. 分成幾株後，再重新種入盆中
   即可。

重點
10

年中管理

香草植物的栽培過程中，會經過發芽、成長、開花以及衰弱的過程，由於原產地的氣候、土壤等條件不同，因此在台灣本地的週期也會有異，本書的週期主要是根據台灣當地的情形。

▌ 發芽期

時間：春、秋兩季

發芽適溫在15～25℃左右，此時可以進行各種繁殖。播種的發芽率高，扦插與壓條的發根性強。耐寒性強的一年生香草如德國洋甘菊、香菫菜適合秋播，相對耐暑性強的香草如羅勒、薄荷則適合春播。

▌ 成長期

時間：主要集中在中秋節過後～隔年的端午節前

歐洲地中海沿岸的香草如迷迭香、百里香、鼠尾草等，在台灣秋冬的成長狀態最好，可在此期間購買幼苗或植株，進行換盆，同時增加氮素基肥。此時重點在於提供充足日照，注意排水順暢，通常植株相對成長速度也會較快。

▌ 開花期

時間：主要是集中在冬末～春季，特別是由冷轉熱之際

以薰衣草為例，國外的開花期集中在初夏，在台灣則會提早。開花季節的生命力最為旺盛，可添加磷肥追肥，並適時進行摘蕾。此時要盡量避免過於潮濕，並保持通風，以及注意病蟲害的防治。

▌ 衰弱期

時間：主要集中在夏季左右

暑夏經常會因為高溫多濕及颱風肆虐，而造成植株衰弱、乾枯甚至枯萎，可說是大部分歐洲原產的香草，栽培上最困難的時節。此時要加以修剪植株，並等土壤即將乾燥時再供水。但相對也有夏季成長比較好的香草如檸檬香茅等。

Herbs Encyclopedia

香草圖鑑百科

山葵
Wasabi

別名：哇沙米
學名：*Eutrema Japonica*
屬性：多年生草本植物
原產地：日本

植物特徵

根莖肥大，根部呈綠色長柱狀。屬於根出葉型香草，葉片數枚互生，葉柄較長，葉呈心形，葉面無絨毛且帶有光澤。花莖直立約40公分，花為白色，4瓣，花朵較小。台灣品質最好的山葵產自阿里山地區。

生活應用

山葵是日本代表性的辛香料，具有極為辛辣的味道。根、莖、葉皆可食用，一般主要使用根莖部。山葵磨成粗顆粒的泥，可供魚、肉、炸物沾食。能促進食慾，幫助消化，殺菌力極強，還可預防蛀牙。

山葵花。

心形綠葉表面帶有光澤。

長柱狀的根部表面粗糙。

栽種條件

日照環境	夏季半日照，須遮蔭，避免高溫及日光直射
供水排水	提供潔淨的水源
土壤介質	主要成長於高山山谷河邊的濕潤土壤
肥料供應	施放基肥後，秋後進行追肥
繁殖方法	播種、分株
病蟲害防治	夏季為夜盜蟲（斜紋夜蛾的幼蟲）及甜菜夜蛾發生盛期，須及時以有機法防治

年中管理

月份	1	2	3	4	5	6	7	8	9	10	11	12
發芽期										●	●	●
成長期	●	●	●	●	●							
開花期		●	●									
衰弱期						●	●	●	●			

種滿山葵的山葵田。攝於日本長野縣。

水芥菜
Watercress

別名：豆瓣菜、水田芥、西洋菜
學名：*Nasturtium officinale*
屬性：多年生草本植物
原產地：歐洲地中海東部、亞洲的溫帶地區

植物特徵

葉片互生，味道略帶辛辣味。莖部中空，長約
50～60公分，頂端開白色小花。

生活應用

水芥菜含有豐富的維生素及鐵質，食用上可採摘
嫩葉，搭配沙拉、湯類及三明治，具有利尿、去
痰、預防貧血等功效。如果是野生的水芥菜，有
被汙染的可能性，使用上須小心。佈置方面，可
作為池畔的造景材料，或是以盆栽栽培，是適合
少量自己種植的香草。

圖片提供／張元聰

適合種於池畔作造景植物。

栽種條件

日照環境	半日照，性喜冷涼，耐寒不耐熱
供水排水	喜濕潤環境，適合淺水種植
土壤介質	黏質性壤土或中性壤土
肥料供應	春秋兩季追加氮肥
繁殖方法	播種、分株、扦插
病蟲害防治	蟲害較多，要隨時注意

年中管理

月份	1	2	3	4	5	6	7	8	9	10	11	12
發芽期	●									●	●	●
成長期	●	●	●	●	●							
開花期				●	●							
衰弱期						●	●	●	●			

台灣中、北部有零星少
量栽培，為小宗蔬菜。

芝麻菜
Rocket

別名：火箭菜、箭生菜
學名：*Eruca vesicaria*
屬性：一年生草本植物
原產地：地中海沿岸、西亞

植物特徵

葉呈裂狀長橢圓形。花朵為淺乳白色，另外也有黃花品種，4枚花瓣呈十字形排列。嫩葉及花朵具有濃厚的芝麻香味，因而命名。

生活應用

芝麻菜是義大利料理不可或缺的蔬菜。主要食用嫩葉，含豐富維他命C。生鮮嫩葉清洗後直接加入沙拉，可嚐到風味獨特的芝麻香氣。此外種子可磨碎當成沾醬。若是烹調不宜加熱過久，以免失去原有風味。

芝麻菜的長橢圓裂狀葉片。

芝麻菜的十字形花朵。

栽種條件

日照環境	全日照或半日照
供水排水	土壤乾燥時再供水，排水須良好
土壤介質	肥沃的砂質壤土
肥料供應	換盆時予以適當基礎肥
繁殖方法	播種
病蟲害防治	蟲害較多，要經常巡視並加以除蟲

年中管理

月份	1	2	3	4	5	6	7	8	9	10	11	12
發芽期	●						●			●	●	●
成長期	●	●	●	●						●	●	●
開花期				●	●							
衰弱期						●	●	●				

紫羅蘭
Stock

別名：草紫羅蘭、草桂花
學名：*Matthiola incana*
屬性：在原產地為多年生，於台灣大多是一年生草本植物
原產地：地中海沿岸

植物特徵

葉深綠，對生。莖直立，基部會木質化。花卉有單瓣和重瓣兩種品系。花序碩大，色彩豐富，花色有深紫、純白、鮮黃、藍紫等。花期集中在冬春之際。

生活應用

春天主要季節花卉。花朵為數眾多，色彩鮮豔又多樣，香氣濃郁，主要價值為觀賞與佈置。常作為庭園及花壇設計素材，也是插花經常使用的切花材料。

紫羅蘭極富觀賞性。

重瓣品系的花瓣重疊長出。

栽種條件

日照環境	全日照環境
供水排水	土壤乾燥時再供水，排水須良好
土壤介質	一般培養土即可。種植在肥沃的沙質壤土中，開花性較強
肥料供應	移植後加基礎有機氮肥，開花期前可添加海鳥磷肥
繁殖方法	播種為主
病蟲害防治	保持通風，要經常巡視並加以除蟲

年中管理

月份	1	2	3	4	5	6	7	8	9	10	11	12
發芽期	●									●	●	
成長期	●	●	●	●							●	●
開花期	●	●	●	●								
衰弱期					●	●	●	●	●			

花朵茂盛而鮮豔。

十大功勞
China Mahonia

別名：刺黃柏、刺黃芩
學名：*Mahonia fortunei*
屬性：常綠灌木
原產地：中國大陸南方地區

植物特徵

葉形分為寬葉和狹葉，寬葉為寬卵或長卵形，狹葉呈披針狀且有鋸齒，色暗綠並帶有光澤，葉背為黃綠色。總狀花序的黃花成串開出，非常豔麗，成熟的果實呈藍紫色。

生活應用

適合作為庭園美化植物。十大功勞也是重要的藥用植物，根、莖可煎服內用，具有清毒解熱，消腫止痛功效；葉片煎湯內服，有清涼滋補的功效。

暗綠色葉緣有鋸齒。

十大功勞的花期主要在春季。

栽種條件

日照環境	半日照。耐寒但不耐暑熱，夏季陽光直射須遮蔭
供水排水	耐旱。土壤乾燥時再供水，排水須良好
土壤介質	肥沃的沙質壤土
肥料供應	春秋兩季加基礎有機氮肥，開花期前添加海鳥磷肥
繁殖方法	播種、扦插、分株
病蟲害防治	病蟲害不多，但忌諱夏季高溫多濕

年中管理

月份	1	2	3	4	5	6	7	8	9	10	11	12
發芽期	●									●	●	●
成長期	●	●	●	●	●	●					●	●
開花期				●	●	●						
衰弱期							●	●	●			

圖片提供／張元聰

成熟的藍紫色果實。

十大功勞成串開出的黃花。

魚腥草
Hot Tuna

別名：蕺菜、折耳根
學名：*Houttuynia cordata*
屬性：多年生草本植物
原產地：亞洲東部和東南地區

植物特徵

心形葉片，互生，並具有托葉。地下莖略帶白色，可以延伸很長，初夏時莖部頂端會開出黃白相襯的花朵。全株帶有類似魚腥的臭氣，一般人起初可能會無法接受。

生活應用

魚腥草是重要民間療法草藥，根莖有利尿和清熱解毒的功效。稍微川燙過就能去除腥味作為野菜食用。由於口感較獨特，初食者需適應後才會喜歡。葉子乾燥後沖泡成茶飲，可清毒解熱，為青草茶常用材料。

圖片提供／張元聰

新鮮葉片可摘取下來，作為野菜食用。

心形葉片。

栽種條件

日照環境	全日照或半日照
供水排水	喜歡潮濕的環境
土壤介質	肥沃的砂質壤土及中性壤土
肥料供應	添加基礎肥即可
繁殖方法	扦插、壓條、分株
病蟲害防治	容易發生葉斑病，常遭受紅蜘蛛危害，可用有機方式防治

年中管理

月份	1	2	3	4	5	6	7	8	9	10	11	12
發芽期	●	●										
成長期			●	●	●				●	●		
開花期				●	●	●						
衰弱期											●	●

黃白色花朵。

同屬品種

斑葉魚腥草
Tricolor Hot Tuna

別名：日本魚腥草
學名：*Houttuynia cordata* 'Chameleon'

植物簡介

葉根莖均可作野菜食用，深受日本人喜愛。嫩葉可入沙拉生食、川燙涼拌，也可用來煎蛋、煮湯。經過乾燥或加熱，能去除腥味。藥用上將葉片搗碎塗抹在患處，可防止傷口感染。煮過的茶湯還有助於止咳。

圖片提供／尤次雄

斑葉品種由於葉片色彩特別，非常適合當作花園鋪地植物。

香草小常識

Q 實在無法忍受魚腥草的臭味，它真的是香草植物嗎？

魚腥草的確隸屬於香草植物，實際上蕺菜屬（*Houttuynia*）的名稱，是依發現其藥用功能的荷蘭籍醫生的姓名而命名。魚腥草早期就被使用於食藥方面，日本人特別喜歡魚腥草，雖說有點「逐臭之夫」的感覺，但魚腥草對人類的幫助是無庸置疑的。在二次世界大戰時，日本人更發現，雖原爆地附近造成莫大的傷亡，但魚腥草卻奇蹟的存活下來，可見其強盛的生命力。

魚腥草的味道雖令人聞之不悅，卻具有實用的健康功效。

石菖蒲
Licorice Flag
Gross-leaved sweet flag

別名：山菖蒲、藥菖蒲、金錢蒲
學名：*Acorus gramineus*
屬性：多年生草本植物
原產地：主要分布於亞洲

植物特徵

葉色深綠，扁平呈長劍形。花白色，小花密集成
穗狀花序。根莖具氣味。性強健，能適應濕潤，
特別是較陰涼的環境。

生活應用

石菖蒲常綠且具光澤，可作
為地被植物。為中藥良方，
鎮咳，對於哮喘患者的肺通
氣功能具有改善作用，但須
配合中醫師的配方使用。

扁平的綠葉。

植株呈現叢生狀態。

栽種條件

日照環境	喜陰濕環境，不耐陽光曝曬
供水排水	土壤即將乾燥時一次澆透，排水須順暢
土壤介質	砂質壤土或一般壤土皆可
肥料供應	施加基礎肥後，春秋加以追肥
繁殖方法	播種、分株
病蟲害防治	稻蝗等會危害葉片，可用有機法加以防治

年中管理

月份	1	2	3	4	5	6	7	8	9	10	11	12
發芽期	●	●	●									
成長期		●	●	●						●	●	●
開花期			●	●	●							
衰弱期							●	●				

適合地植於較陰涼的環境。

茴香菖蒲
Fennel Flag / Fennel Calamns

別名：香菖蒲
學名：*Acoras calamus* L.

植物簡介

全株散發茴香的氣味，同時帶有
甘草的風味，是泰國料理經常使
用的香料。葉呈長劍形，根出
葉，與禾本科的植物有些類似。
據研究報告顯示，全世界的菖蒲
屬中，茴香菖蒲的香氣最為濃
郁。藥用可治療關節炎。在全日
照及半日照栽培皆可，適合濕度
較高的環境。

長劍形葉片。　　　　　　　散發出濃郁的茴香氣味。

香草小常識

Q 菖蒲在記憶中是端午節的應景
植物，與花菖蒲有何不同？

菖蒲為天南星科菖蒲屬，品種很多，很早就
是祭典用植物，甚至在《舊約聖經》都有記
載。將菖蒲葉與艾草合綁吊在門前，是端午
節消災解厄的代表性植物。花菖蒲則是鳶尾
科鳶尾屬，為觀賞花卉，特別是在日本的梅
雨季節，與繡球花是最具代表性的植物。雖
說兩者葉的外型非常接近，但花型有很大的
差別，菖蒲為肉穗花序，花菖蒲則是花莖高
出葉上，花為膨大的漏斗狀。

花菖蒲。

刺五加
Siberian Ginseng Ciwujia

別名：刺拐棒、俄國參、西伯利亞人參
學名：*Eleutherococcus senticosus*
屬性：落葉灌木
原產地：亞洲東北地區、西伯利亞

植物特徵

掌狀複葉，互生，有特別的香氣。根莖呈不規則圓柱狀，分枝較多，莖節上生有直且細長的針狀刺，花卉呈繖形花序。

生活應用

春季可採摘刺五加嫩芽炒食，或是與馬鈴薯細條一起炒，相當美味。種子可榨油，是製造肥皂的好材料。刺五加能增加身體活力、抗疲勞、強化學習力。

掌形葉片。

栽種條件

日照環境	耐寒性強，春秋冬全日照為宜
供水排水	乾燥時再充分給水，排水須順暢
土壤介質	微酸性的砂質壤土
肥料供應	春秋兩季施肥
繁殖方法	播種、扦插、分株
病蟲害防治	生存能力強，病蟲害少

年中管理

月份	1	2	3	4	5	6	7	8	9	10	11	12
發芽期	●	●										
成長期			●	●	●						●	●
開花期					●	●	●					
衰弱期								●	●	●		

莖上生細長直刺，葉散發香氣。

黑種草
Nigella

別名：黑子草
學名：*Nigella sativa* Linn.
屬性：一至二年生草本植物
原產地：歐洲

植物特徵

羽狀複葉，深裂，互生，特殊的青綠色。5枚花瓣，花頂生，主要有藍、白等花色，初開時顏色較淡，然後逐漸轉濃，花期於春季。花謝即結果。果皮為赤褐色且具針狀刺，膨大中空，很像是吹脹的小氣球。

生活應用

主要以觀賞花卉為主。花朵可做乾燥花或裝飾，適合佈置花壇或盆栽觀賞，在國外的香草花園相當受歡迎。果內藏褐黑色種子，含揮發性芳香精油，是印度料理的主要香料，但是刺激性強，建議少量使用，此外也可製成防臭劑。

黑種草花朵，會隨開花時間逐漸變深。

栽種條件

日照環境	通風、全日照的乾燥環境
供水排水	土壤乾燥時再一次澆透，排水須通暢
土壤介質	砂質壤土為主
肥料供應	開花期前可施加海鳥磷肥
繁殖方法	播種為主
病蟲害防治	病蟲害不多，唯獨夏季高溫多濕容易枯萎

年中管理

月份	1	2	3	4	5	6	7	8	9	10	11	12
發芽期									●	●	●	
成長期	●	●										●
開花期			●	●	●							
衰弱期						●	●	●	●			

赤褐色果實，膨大中空，內含種子可做成香料。

大飛燕草
Delphinium

別名：翠雀花
學名：*Delphinium hybridum cv.*
屬性：多年生草本植物，在台灣平地多作為一年生草本
原產地：南歐等北半球溫帶區域

植物特徵

葉互生，掌狀深裂，葉具有長柄，莖直立。花色
豐富，穗狀花序順著花莖逐漸往上綻放。溫帶原
生地區的自然花期為春末至初夏，台灣以冬季或
高冷地區的冷涼環境較適合生長，花期也提前到
冬末至春季。

生活應用

國外視為觀賞用途
極佳的香草植物。
主要作為春季花壇
的主角，或是當成
切花等花藝素材。

簇生的花朵如燕子群飛，
而有「飛燕草」之稱。

掌狀葉形。

栽種條件

日照環境	性喜涼爽、通風、日照充足的乾燥環境。不耐高溫多濕
供水排水	土壤乾燥時一次澆透，排水須通暢
土壤介質	砂質壤土為主
肥料供應	開花期前可施加海鳥磷肥
繁殖方法	播種為主
病蟲害防治	幾乎沒有病害問題，唯有夜盜蟲會危害，但不會太嚴重

年中管理

月份	1	2	3	4	5	6	7	8	9	10	11	12
發芽期										●	●	●
成長期	●	●	●								●	●
開花期		●	●	●	●							
衰弱期						●	●	●	●			

直立的莖和鮮艷的花朵，常作為切花。

樓斗菜
Easten Red Columbine

別名：夢幻花、漏斗花、貓爪花
學名：*Aguilegia vulgaris* L.
屬性：多年生草本植物，在台灣平地為一年生
原產地：歐洲、北美

植物特徵

二回三出複葉，葉為藍綠色。莖直立。花冠漏斗型且呈下垂狀。花瓣5枚，通常為深藍紫色或白色，也有粉紅、黃等花色。主要的品系有西洋樓斗菜與日本樓斗菜。

生活應用

花姿嬌小玲瓏，色彩鮮豔，適應性強，整片叢植煞是美麗，是歐美國家常見的庭園花卉。適合栽植於花徑、花壇或岩石園中，也可用於各種花草佈置。

花小巧且色鮮豔，屬於觀賞用香草植物。

下垂的漏斗狀花朵。

微偏藍色的綠葉。

栽種條件

日照環境	通風、日照充足的乾燥環境，適合栽培於高冷地
供水排水	土壤乾燥時一次澆透，排水須通暢
土壤介質	一般培養土及砂質壤土皆可
肥料供應	開花期前可施加海鳥磷肥
繁殖方法	播種、分株
病蟲害防治	主要蟲害為蚜蟲，可用有機法加以防治

年中管理

月份	1	2	3	4	5	6	7	8	9	10	11	12
發芽期										●	●	●
成長期	●	●	●							●	●	●
開花期		●	●	●	●							
衰弱期					●	●	●	●				

在台灣的開花期主要集中於冬末春初。

橄欖樹
Olive Tree

別名：油橄欖、阿列布
學名：*Olea europaea*
屬性：常綠喬木
原產地：地中海沿岸為主

植物特徵

植株高度最高可達10公尺以上。葉片密生，葉緣帶有銀白色邊。圓錐花序，花朵甚小。果實初期為綠色，成熟後會變成黑紫色。

生活應用

全世界的橄欖樹栽培品種有500餘種。枝葉茂密適合當作庭蔭樹、行道樹或觀果樹。橄欖樹為地中海沿岸主要的農作物，專門生產橄欖油。除了充分運用於料理外，還有美容的功效。

油橄欖的花。

栽種條件

日照環境	全日照，喜溫暖乾燥
供水排水	土壤即將乾燥時一次澆透，排水須順暢
土壤介質	一般壤土即可
肥料供應	春秋兩季施肥
繁殖方法	播種為主
病蟲害防治	保持通風，忌諱夏季高溫多濕

年中管理

月份	1	2	3	4	5	6	7	8	9	10	11	12
發芽期									●	●	●	
成長期	●	●	●	●	●							●
開花期			●	●	●							
衰弱期						●	●	●				

聯合國的旗幟以橄欖枝葉作為圖案，象徵和平。

果實用以生產橄
欖油或蜜餞。

圖片提供／吳昭祥

茉莉
Arabian Jasmine

別名：直立素馨、末麗、末利花
學名：*Jasminum sambac* (L.) Ait.
屬性：常綠小灌木
原產地：印度

含苞的茉莉。

植物特徵

枝幹粗壯，葉色青綠，花蕾多且明淨雪白，香氣濃郁。茉莉為素馨屬的代表品種，花朵又分為單瓣及雙瓣，雙瓣茉莉又稱虎頭茉莉，在台灣栽培極為普遍，花期較長。

生活應用

為常見的芳香性盆栽花木。花朵為重要的花茶及香精原料，藥用有止咳化痰功效。

盛開茉莉。

農民摘採未開的花苞，以利於八分開香氣最濃郁時薰製茶葉。

栽種條件

日照環境	喜歡溫暖濕潤，全日照環境成長較好
供水排水	土壤即將乾燥時一次澆透，排水須順暢
土壤介質	以壤土栽培為主
肥料供應	開花期前施用海鳥磷肥，可促進更多花芽形成
繁殖方法	扦插為主
病蟲害防治	易受紅蜘蛛危害，平時應加強通風，並用有機法防治

年中管理

月份	1	2	3	4	5	6	7	8	9	10	11	12
發芽期	●										●	●
成長期		●	●	●								
開花期				●	●	●						
衰弱期							●	●	●	●		

茉莉花多作為花茶原料，圖為花與茶葉拌合。

同屬品種

毛茉莉
Star Jasmine

別名：多花素馨、毛素馨、星星茉莉
學名：*Jasminum multiflorum* (Burm. f.) Andr.

植物簡介

單葉對生，具短柄。花
白色呈叢生狀，通常為複
瓣。香味濃郁，為東南亞常見
的庭園及盆栽觀賞芳香花卉，且
為印尼、菲律賓國花。屬攀緣性灌
木，葉片雙面密生絨毛，花朵也可
入茶。栽培上喜歡溫暖及日照充足
的環境，適合疏鬆肥沃的土壤。

葉形與素馨不同。

白色花卉具有濃郁的香氣。

素馨
Common Jasmine

別名：素英、玉芙蓉
學名：*Jasminum officinale*

植物簡介

葉形及成長方式皆與茉莉有很大的差
別：素馨為羽狀複葉，葉對生，枝條經
常下垂，必須立支柱，屬於攀緣性；茉
莉花則為直立灌木。素馨喜歡溫暖濕潤
及充足日照，適合種植在沙質壤土中。
花朵除了作為精油及花草茶原料外，還
可製成中藥。為巴基斯坦國花，在巴基
斯坦的野外、庭園隨處可見，巴基斯坦
的婦女經常將之作為頭飾。

羽狀複葉。

素馨的莖具有攀緣性。

檸檬香茅
Lemongrass

別名：檸檬草、西印度香茅
學名：*Cymbopogon citratus*
屬性：多年生草本植物
原產地：印度

植物特徵

扁長形綠色葉片，從根基部開始密生成長，最長可達50公分以上，葉緣銳利。開花期從晚秋至整個冬季，茶褐色的小穗，呈總狀花序開出。

生活應用

檸檬香茅全株皆可使用，葉片及莖稈具有宜人的檸檬香味，在印度、東南亞等國家普遍被作為湯類、肉類食品的調味料。生鮮或乾燥葉片可搭配薄荷及德國洋甘菊沖泡成香草茶，能消除疲勞、助消化。另外，香茅油也可製作香水、化妝品、肥皂、乳霜等。

扁長形葉，葉緣銳利。

檸檬香茅花。

栽種條件

日照環境	全日照，性喜高溫
供水排水	兼顧保水及排水性
土壤介質	黏質性壤土最為合適
肥料供應	春季時添加氮肥，可以幫助成長
繁殖方法	分株
病蟲害防治	甚少病蟲害

◎北部山區冬季成長較不佳，低溫多濕容易造成葉片枯黃，因此須做好防寒措施，並經常加以修剪花穗。

年中管理

月份	1	2	3	4	5	6	7	8	9	10	11	12
發芽期			●	●	●							
成長期				●	●	●	●	●	●			
開花期										●	●	●
衰弱期	●	●										●

將檸檬香茅、香堇菜加琉璃苣泡成茶飲，具有提神醒腦之效果。

檸檬香茅種春夏秋
成長快速，冬季則
相對成長較差。

香草小常識

香茅屬植物約有50～60個
品種，為禾本科植物中，
唯一葉片中含有特殊香氣
之物種。台灣在民國40～
50年代，曾經大面積經濟
栽培，提煉香茅油出口貿
易，當時與薄荷油、樟腦
油為我國賺進外匯的重要
農產品。

同屬品種

爪哇香茅
Citronella Java Type

地植的爪哇香草,相對成長較快速。

學名:*Cymbopogon winterianus*

植物簡介

主要栽培區域集中在印尼。爪哇香茅精油有極佳的防蚊效果,精油成分主要為香茅醛,比起檸檬醛較為溫和,刺激性也比較少。直接碰觸皮膚不會像檸檬香茅那麼刺激,因此可以製成泡澡包使用。

香茅草
Nardus Lemongrass

別名:香水茅、亞香茅
學名:*Cymbopogon nardus*

植物簡介

葉呈寬條形,比檸檬香茅寬,長度最高可達1公尺,帶有濃郁檸檬香。東南亞熱帶地區廣為種植,通常在秋冬之際開花,然而在台灣不容易開花抽穗。全株主要用來蒸餾精油加以利用,具有消腫止痛功效。香茅草不容易播種成功,主要以分株繁殖。

可在春夏季分株繁殖。

馬丁香茅
Gingergrass

別名：玫瑰草、薑草
學名：*Cymbopogon martinii*

植物簡介

葉片比檸檬香茅細短。植株含香茅醛、香茅醇、香葉醇等成分，還有大量的牻牛兒醇（geraniol），是玫瑰天竺葵的主要精油成分，因此馬丁香茅有類似玫瑰的香氣，又被稱為「玫瑰草」，同時還帶有薑味的香氣。除了蒸餾精油外，還可以直接沖泡成香草茶，有助消化與改變氣氛，加少許甜菊或蜂蜜口感更佳。

圖片提供／張元聰

馬丁香茅的葉片具有類似玫瑰的香氣。

蜿蜒香茅
East Indian Lemongrass

圖片提供／張元聰

運用範圍廣泛，全世界栽種的國家很多。

別名：東印度檸檬香茅
學名：*Cymbopogon flexuosus*

植物簡介

依莖稈顏色分為綠莖和紅莖兩種，主要成分為檸檬醛，另外也包括橙花醛的成分。耐乾旱及高溫，對環境適應力強，因此栽培的商業價值比較高。全世界栽種的國家很多，包括東亞、東南亞、中南美洲，甚至非洲等。主要蒸餾成精油使用，能緩解運動過後的小腿痠痛。另外也可以入料理，增加口感。

玉山石竹
Yushan Pink

別名：玉山瞿麥
學名：*Dianthus pygmaes Hayata*
屬性：多年生草本植物
原產地：台灣

植物特徵

植株不高，略呈下垂蔓生狀，葉子對生，狹長形，開花時花莖挺立，單瓣頂生，花朵淡粉紅色，香氣宜人。花期主要在5月～8月，甚至延長到11月。從海拔1400公尺～3000公尺左右的高山都可見其蹤跡，以玉山為代表性。

生活應用

除了作為觀賞花卉，香氣清淡的花朵，也可與玫瑰或薰衣草製成香包，不僅具有美感，且香氣宜人。

花卉具有清雅的香氣。

淡粉色花，花瓣有剪裂。

栽種條件

日照環境	全日照
供水排水	喜歡濕潤，但要注意排水良好
土壤介質	以砂質性壤土最為合適
肥料供應	入春時添加氮肥，開花期前添加磷肥
繁殖方法	扦插、分株
病蟲害防治	生性強健，栽培容易，甚少病蟲害

年中管理

月份	1	2	3	4	5	6	7	8	9	10	11	12
發芽期		●	●									
成長期			●	●	●	●						
開花期			●	●	●	●	●	●	●	●		
衰弱期	●										●	●

開花期長，是玉山石竹最大的特色。

肥皂草
Soapwort

別名：石鹼花
學名：*Saponaria officinalis*
屬性：多年生草本植物
原產地：歐洲，主要產於英國

植物特徵

鮮綠葉片對生，長卵形。匍匐性成長，特別是地下莖容易蔓生。小花頂生，花色為粉紅色。

生活應用

新鮮葉片含有大量皂素，是非常溫和的洗潔劑，適合種植在花壇、花徑的灌木叢下。有機栽培的花朵可拌佐沙拉食用，口感獨特。另外也可當作忌避植物，防治病蟲害。

在早期歐洲作為肥皂使用，因而得名。

栽種條件

日照環境	全日照
供水排水	喜歡濕潤，但要注意排水良好
土壤介質	沒有特別挑選土壤，以砂質性壤土最合適
肥料供應	春季時添加氮肥，開花期前添加磷肥
繁殖方法	扦插、分株
病蟲害防治	生性強健，栽培容易，甚少病蟲害

年中管理

月份	1	2	3	4	5	6	7	8	9	10	11	12
發芽期			●	●								
成長期				●	●	●	●					
開花期							●	●	●			
衰弱期	●	●									●	●

圖片提供／張元聰

粉紅色花卉頂生。

毛地黃
Common Foxglove

別名：指頭花
學名：*Digitalis purpurea*
屬性：多年生草本植物，在台灣平地多作一年生草本
原產地：西歐

植物特徵

葉片碩大，圓卵形，對生。莖直立且高大。花為吊鐘型，顏色有紫紅、白色與粉紅色。

生活應用

毛地黃是春季花園的主角，叢植尤為壯觀。19世紀日本人引種到台灣，主要栽培在阿里山等高山地區。每年4～6月花季期間，成為台灣阿里山美麗的風景。具有毒性，盡量不要與食用或與料理茶飲用的香草合植，以免誤食中毒，但一般的接觸並不會中毒。藥用方面主要作為強心劑，但須要有專業醫師或藥劑師的建議才可使用。

吊鐘型花朵。

栽種條件

日照環境	全日照
供水排水	供水正常，排水須順暢
土壤介質	不擇泥土，以黏質性壤土生長較好
肥料供應	開花期前可添加磷肥
繁殖方法	播種為主
病蟲害防治	生性強健，甚少病蟲害

年中管理

月份	1	2	3	4	5	6	7	8	9	10	11	12
發芽期		●	●									
成長期			●	●	●	●						
開花期				●	●	●	●	●				
衰弱期	●										●	●

毛地黃極具觀賞價值。

心葉水薄荷

學名：*Clinopodium brownei*
屬性：多年生草本植物
原產地：美洲

植物特徵

葉對生，具有肉質，葉較小，呈寬卵形，葉緣具有淺鋸齒，具短葉柄。莖綠色，具稜狀，匍匐性成長。花朵為輪繖花序，淡紫色。雖別名「心葉水薄荷」，卻非「薄荷屬」。

生活應用

心葉水薄荷具匍匐性，可作為地被植物抑制雜草蔓生。在水中也能成長良好，所以種植在池塘邊或水族箱中也相當合適。另外，國外也有添加於沐浴保養品及口腔清潔用品中。

寬卵形葉有淺鋸齒。

匍匐性成長，適合作地被植物。

栽種條件

日照環境	全日照或半日照
供水排水	濕潤的環境
土壤介質	一般壤土即可
肥料供應	發芽後施予有機氮肥
繁殖方法	扦插、分株
病蟲害防治	甚少病蟲害

年中管理

月份	1	2	3	4	5	6	7	8	9	10	11	12
發芽期			●	●								
成長期			●	●	●	●	●	●	●	●	●	
開花期				●	●	●						
衰弱期	●	●										●

可在入春前進行地植，成長相對快速。

倒地蜈蚣
Wishbone plant

別名：釘地蜈蚣、蜈蚣草
學名：*Torenia concolor* Lindl.
屬性：多年生草本植物
原產地：分布於中國大陸南部、東南亞、台灣、日本

植物特徵

葉具短柄，葉緣略有淺鋸齒，莖具有匍匐性。
花為腋生狀，藍紫色，在台灣幾乎全年開花。
主要生長於台灣中低海拔400～2500公尺的路旁
或田野。

生活應用

亮麗的藍紫色
花朵點綴在斜坡
或是草地上，非常
可愛，是很好的綠化
地被植物。花型優美且
具有下垂性，也很適合種
在吊盆懸垂，作為觀賞植
物。藥用煎服有助清熱解
毒、止咳。也有斑葉品種
「金脈倒地蜈蚣」。

倒地蜈蚣的花。

葉緣略有淺鋸齒。

栽種條件

日照環境	半日照或全日照
供水排水	正常供水，排水須順暢，不可積水
土壤介質	不限土壤，皆可成長良好
肥料供應	不須太多肥料，特別是地植
繁殖方法	分株為主
病蟲害防治	病蟲害不多，但必須勤除草並加以疏苗

年中管理

月份	1	2	3	4	5	6	7	8	9	10	11	12
發芽期			●	●								
成長期			●	●	●	●	●					
開花期				●	●	●	●	●	●	●		
衰弱期	●	●									●	●

藍紫色花有下垂性，很適合作吊盆佈置。

倒地蜈蚣也是很好的地被植物。

蘆筍
Asparagus

別名：石刁柏
學名：*Asparagus officinalis*
屬性：多年生草本植物
原產地：歐洲、北非、西亞

植物特徵

莖直立，上部有分枝。雌雄異株，雄株的收穫量較多。在非採收期會開出黃色小花。由於蘆筍利用非常普遍，自古即被視為香草植物。

生活應用

從古羅馬時代即開始被人食用，川燙、油炸、煮湯皆得宜。嫩莖可作蔬菜，西方人一般直接生吃，東方人則喜歡搭配肉類炒菜，或是直接打成汁飲用。富含多種營養物質，有利尿、消除疲勞等幫助。台灣於民國60年曾大量種植，並成功打入國際市場。

台灣蘆筍。

蘆筍花。

開出黃色小花的蘆筍田。

主要食用的嫩莖部位。

栽種條件

日照環境	日照良好，耐寒耐熱，適應性強。
供水排水	供水正常，排水須順暢
土壤介質	富含有機質的砂質壤土
肥料供應	成長期施加有機氮肥，可促進成長
繁殖方法	播種、分株
病蟲害防治	主要病害有莖枯病，蟲害有夜盜蟲等，可用有機防治法加以管理

年中管理

月份	1	2	3	4	5	6	7	8	9	10	11	12
發芽期			●	●	●							
成長期				●	●	●	●	●	●	●		
開花期										●	●	
衰弱期	●	●									●	●

桔梗蘭
Swordleaf Dianella

別名：山菅蘭、竹葉蘭
學名：Dianella ensifolia (L.) DC.
屬性：多年生草本植物
原產地：東亞、印尼及澳洲

葉為互生，大葉呈狹長狀，葉面光滑帶有反捲，具有長扁狀的葉鞘。花莖甚長，總狀花序，花為藍紫或白色。球形漿果，成熟為鮮豔的藍紫色，種子為黑色長圓形。經常生於低海拔山區的岩壁中，並形成簇生。

生活應用

葉形優美，花與果實鮮豔，成長快速，適合作為觀賞植物。全株具有毒性，必須小心不可誤食，但可將莖葉搗碎，被蛇或毒蟲咬傷時敷在傷處，作為藥用。

桔梗蘭的果實鮮豔，但不可食用。

藍紫色花。

栽種條件

日照環境	全日照
供水排水	喜歡較為濕潤的環境
土壤介質	就算貧瘠土壤也能順利成長
肥料供應	開花期前施加海鳥磷肥，可促進開花
繁殖方法	分株為主
病蟲害防治	病蟲害較少

月份	1	2	3	4	5	6	7	8	9	10	11	12
發芽期	●	●										
成長期			●	●	●					●	●	●
開花期				●	●	●						
衰弱期							●	●	●			

葉片類似蘭花，經常被誤認為蘭科，但實際上是百合科。

萱草
Day Lily

別名：金針花、忘憂草
學名：*Hemerocallis spp.*
屬性：多年生草本植物
原產地：東亞地區

植物特徵

根出葉，二列互生，葉為扁平長線狀。花柄長，筒狀花序，開花期會長出綠色細長的花枝，花主要為橙黃色，也有其他花色品種。

生活應用

萱草屬種類高達20多種，分為觀賞及食用兩大類。觀賞類花色鮮豔，栽培容易，開花成叢極為豔麗。食用類主要為橙黃花卉，花蕾收成乾燥後，稱為「金針」，多用於湯類料理，其中含有豐富鐵分，可以預防貧血。台灣各地普遍作經濟作物栽培，其中以台東太麻里最著名。

玉里赤柯山的金針花海。

扁平且細長的
金針花葉。

栽種條件

日照環境	半日照或全日照
供水排水	喜歡潮濕，但排水要順暢
土壤介質	肥沃壤土成長狀況較佳
肥料供應	春秋兩季開花期前添加磷肥
繁殖方法	分株為主
病蟲害防治	常見病害有葉斑病、葉枯病；常見蟲害有紅蜘蛛、蚜蟲，以有機防治法進行改善。

金針含有皂角苷的分子，能舒緩憂鬱，保持心平氣和，所以有「忘憂草」之稱。

年中管理

月份	1	2	3	4	5	6	7	8	9	10	11	12
發芽期	●	●										
成長期			●	●	●							
開花期				●	●					●	●	
衰弱期							●	●	●			

經陽光曝曬的乾燥金針，為桌上美味佳餚。

蘆薈
Aloe

別名：蘆會
學名：Aloe vera L.
屬性：多年生草本植物
原產地：地中海沿岸及非洲

植物特徵

葉互生，質地肥厚，葉緣有銳鋸齒。朱紅色花，花枝會延伸形成房狀花序，主要在入冬及早春開花。蘆薈品種很多，約有300種以上。目前已知有藥用價值的僅10幾種。

蘆薈花。

生活應用

不同品種的藥效成分和含量都有差異。目前庫拉索蘆薈（又稱美國蘆薈）最廣泛應用於食品、藥品和美容，台灣也有大面積商業化栽培，用以提取蘆薈原汁。外用方面，從葉中挖採出白色肉片，直接塗抹在皮膚處，特別是因長期日曬所產生的疼痛及紅腫，具有舒緩的效果。

葉緣帶有銳鋸齒。

蘆薈在台灣很適合栽培，成長快速。

栽種條件

日照環境	喜歡全日照，較不耐寒
供水排水	喜歡潮濕，但排水要順暢
土壤介質	一般土壤皆可
肥料供應	於春夏秋冬各施肥一次
繁殖方法	分株
病蟲害防治	病蟲害不多，須勤除草及鬆土

年中管理

月份	1	2	3	4	5	6	7	8	9	10	11	12
發芽期			●	●	●							
成長期					●	●	●	●	●	●		
開花期	●										●	●
衰弱期	●	●										

葉緣部位具大黃素，小心不要誤食，否則容易引起腹瀉。

西番蓮
Passion Fruit

別名：百香果，時鐘花
學名：*Passiflora edulis*
屬性：多年生蔓藤性植物
原產地：澳洲、巴西

植物特徵

葉綠色，大型三深裂掌形，互生。莖各節帶有捲鬚，具攀緣性。花朵盛開時柱頭呈3分叉，很像時鐘表面的時分秒針，因此日本人稱為「時計花」，意即「時鐘花」，開花後結果即為百香果。

花型特別，適合運用於香草佈置與花藝。西番蓮果實就是百香果，可製成果汁或是果醬，有養顏美容之效。

莖的各節帶有捲鬚。

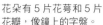
花朵有 5 片花萼和 5 片花瓣，像鐘上的字盤。

百香果實，成熟自然掉落。

栽種條件

日照環境	全日照
供水排水	排水要順暢
土壤介質	富含有機質的壤土
肥料供應	成長期施加有機氮肥，可促進成長
繁殖方法	扦插為主
病蟲害防治	容易會有葉枯病，須經常疏枝及保持通風

◎西番蓮因為莖具有攀爬性，最好搭設棚架以利攀爬。

年中管理

月份	1	2	3	4	5	6	7	8	9	10	11	12
發芽期	●	●										
成長期			●	●	●							
開花期				●	●	●				●	●	
衰弱期							●	●	●			

豆科 Leguminose	金雀花屬 Cytisus

金雀花
Common Broom

別名：黃雀花
學名：*Cytisus scoparius*
屬性：落葉灌木
原產地：歐洲到西伯利亞西南地區

植物特徵

葉綠色，由3片小葉組成，莖頂端則為1葉。分枝多，從靠近根部部位即開始分枝。莖綠色呈彎曲弓狀，略微下垂。花朵集中在葉腋簇生，從冬季開花到春末。

生活應用

花朵具有香氣，在法國將花朵蒸餾成精油，作為高級化妝品的原料。整串美麗的花朵經常用於切花與佈置。花朵富含蛋白質及多種維生素，可與肉類一起烹調煮湯。但枝葉具有微毒，不建議食用。

金雀花的黃色花朵。

栽種條件

日照環境	全日照，不耐夏季高溫多濕
供水排水	土壤乾燥再一次澆透，排水須順暢
土壤介質	沙質性壤土
肥料供應	春秋兩季加以追肥
繁殖方法	播種、扦插
病蟲害防治	病蟲害不多

年中管理

月份	1	2	3	4	5	6	7	8	9	10	11	12
發芽期									●	●	●	
成長期	●	●	●	●						●	●	●
開花期	●	●	●	●								●
衰弱期					●	●	●	●				

分枝多而茂密。

金銀花
Honeysuckle

別名：忍冬、金銀藤
學名：*Lonicera japonica*
屬性：常綠藤本植物
原產地：亞洲，以東亞地區為主

植物特徵

靠近底部的葉為長橢圓形，葉較大，有葉柄。頂端則為小葉，無葉炳。莖為藤本，延伸性強，褐色至赤褐色。花有淡香。球形漿果，熟時黑色，具有微毒不可食用。冬季不會落葉，因此又稱為「忍冬」。近緣品種中，還有紅花的種類。

生活應用

主要運用部位為花朵，搭配薄荷泡成茶飲，可舒緩咽喉腫痛。作為沐浴包材料也非常合適。另外很多中藥處方也都有使用金銀花，具有清毒解熱功效。

花色初為白色，逐漸變為黃色，黃白相映，因此又稱為金銀花。

栽種條件

日照環境	全日照，性喜溫和濕潤，耐寒、耐旱
供水排水	土壤乾燥再一次澆透，排水須順暢
土壤介質	對土壤要求不嚴
肥料供應	春秋兩季加以追肥
繁殖方法	播種、扦插
病蟲害防治	病害有褐斑病，要加強通風管理。蟲害有蚜蟲、紅蜘蛛等，可用有機法防治

年中管理

月份	1	2	3	4	5	6	7	8	9	10	11	12
發芽期			●	●	●							
成長期					●	●	●	●	●	●		
開花期					●	●	●		●	●		
衰弱期	●	●									●	●

夏日做成沙拉鮮食，可去毒解熱。記得摘除花蒂，否則會有苦味。

植株栽培時間長久，
可達全年開花。

接骨木
Common Elder

別名：西洋接骨木
學名：*Sambucus nigra*
屬性：大型落葉灌木（台灣種植為常綠）
原產地：歐洲、西亞、北非等地區

植物特徵

葉對生，羽狀複葉。枝幹容易形成木質化。繖房花序，花白色，具有香氣。國外的開花期為5～7月，台灣氣候溫和，可從夏初持續開花至冬末，果實黑色略帶紫色。

生活應用

花可泡成茶飲，具有促進發汗、去痰等功效，也能紓緩感冒及花粉症。花與檸檬可一起做成糖漿，也可製酒，或是加入化妝水或乳霜中。黑色的果實可做成果醬。

接骨木利用可遠溯到古埃及時代，在歐洲更有「大地的藥箱」稱呼。

栽種條件

日照環境	全日照，耐旱
供水排水	土壤乾燥再一次澆透，排水須順暢
土壤介質	對土壤要求不嚴，陽明山土加椰纖栽培為宜
肥料供應	春秋兩季加以追肥
繁殖方法	扦插、分株
病蟲害防治	病蟲害少

年中管理

月份	1	2	3	4	5	6	7	8	9	10	11	12
發芽期		●	●		●							
成長期		●	●	●	●	●	●	●				
開花期				●	●	●	●	●	●			
衰弱期	●										●	●

黑紫色果實。

冇骨消
Taiwan Elder

別名：台灣蒴藋、陸英
學名：Sambucus formosana Nakai

植物簡介

外型接近接骨木，兩者經常會被混淆，在台灣北部
山區野化自生。多年生草本，分布區域廣，喜歡全
日照。冬天會枯萎，到春天又會重新萌芽。莖直立
而多分歧。冇骨消是台灣特有種。夏季生長強勢，
經常蔓延整片而影響原有植物，所以農家經常會將
其砍除。

花朵的蜜腺對
蝴蝶是重要的
蜜源植物。

冇骨消在山區可自行野生成長。

香草小常識

Q 如何區分西洋接骨木和
冇骨消？

經常有同好分不清楚接骨木與冇骨消，可
從三方面來辨認：

1. 接骨木為灌木，冇骨消為多年生草本。
   接骨木莖幹容易木質化，冇骨消則是綠
   莖。
2. 接骨木開白色小花，冇骨消的花朵夾雜
   著黃色杯狀蜜腺。
3. 接骨木的果實為黑色，冇骨消為紅色。

接骨木開白
色小花。

冇骨消的花朵夾雜著黃色杯狀蜜腺。

藍莓
Blueberry

別名：越桔
學名：*Vaccinium* spp.
屬性：在原產地為落葉灌木，在台灣為常綠灌木
原產地：北美洲北東部地區

植物特徵

葉卵圓形，互生，部分種類葉背被有絨毛。莖直立，會木質化。總狀花序，開白色花。果實呈藍或黑色，果肉甘甜帶點微酸，種子極小。藍莓的品種很多，是相當著名的水果，目前在台灣也有農家以溫室加以栽培。

生活應用

果實除了可直接當成水果食用，也是果凍、果醬中的主要材料。藍莓含有對人體有幫助的花青素，能夠延緩記憶力衰退以及預防心血管疾病。

藍莓的果實。

開白色小花。

藍莓的葉。

栽種條件

日照環境	全日照
供水排水	土壤即將乾燥時再澆透，排水須順暢
土壤介質	排水良好的砂質壤土
肥料供應	可在定植時施加基礎氮肥，開花期前追加氮肥
繁殖方法	以扦插為主
病蟲害防治	病蟲害較少，結果期注意鳥害，必要時可遮網

年中管理

月份	1	2	3	4	5	6	7	8	9	10	11	12
發芽期	●	●									●	●
成長期			●	●	●	●						
開花期					●	●						
衰弱期							●	●	●			

莖上有細尖刺。

芸香
Rue

別名：臭芙蓉、臭艾
學名：*Ruta graveolens* Linn
屬性：多年生草本植物
原產地：地中海沿岸地區

芸香的花。

植物特徵

葉互生，羽狀複葉，葉偏藍綠色。莖直立，多分枝。開黃色小花，聚繖花序，花瓣5枚。全株具有極為刺鼻的氣味。

生活應用

翠綠葉子與鮮黃花色很適合地植觀賞，根部會散發天然硫化物，能驅趕害蟲，是很好的忌避植物。芸香富含鐵質和礦物質，少量加入食物、飲料或酒中可增加香氣，例如將少數芸香加入綠豆湯中，為夏日消暑甜品。

芸香的葉。

芸香可作為忌避植物。

栽種條件

日照環境	全日照
供水排水	排水順暢
土壤介質	偏好酸鹼度中性的土壤
肥料供應	可在春秋兩季追加氮肥，成長更好
繁殖方法	春天播種發芽率高；中秋節後扦插發根性較強
病蟲害防治	病蟲害不多，但葉片常枯黃，要多加修剪以維持植株成長

年中管理

月份	1	2	3	4	5	6	7	8	9	10	11	12
發芽期	●										●	●
成長期		●	●	●	●	●						
開花期					●	●						
衰弱期							●	●	●	●		

芸香自古即以藥用植物被加以使用。

馬蜂橙
Kaffir Lime

別名：泰國萊姆葉、檸檬葉
學名：*Citrus hystrix*
屬性：小喬木
原產地：東南亞

植物特徵

主要特徵是具有兩段葉，且大小幾乎相同。莖直立，會逐漸木質化，枝幹具有尖刺。植株夠大才會開花結果，果實外皮帶有粗瘤。

生活應用

馬蜂橙是著名的東南亞香料，主要使用葉片及果實，可以作為食物調味及醬料，也能夠藥用、製成精油。在泰國酸辣湯中，使用馬蜂橙葉、南薑、檸檬香茅與泰國辣椒等材料熬湯，再滴入金桔汁，被認為是「世界最好喝的三大名湯」之一。果皮磨碎也可以用於烹調。

果實表面有粗瘤，極像馬蜂窩而得名。

兩段葉的大小相近，枝幹有尖刺。

栽種條件

日照環境	全日照，較不耐寒
供水排水	等土壤乾燥再一次澆透，排水須順暢
土壤介質	培養土或一般砂質性壤土皆可
肥料供應	春秋兩季追加氮肥
繁殖方法	扦插及高壓法
病蟲害防治	須維持通風，避免病害

年中管理

月份	1	2	3	4	5	6	7	8	9	10	11	12
發芽期			●	●								
成長期				●	●	●	●	●	●			
開花期								●	●			
衰弱期	●	●									●	●

馬蜂橙為小喬木，但初期成長較緩慢。

亞麻
Flax

別名：亞麻籽
學名：*Linum usitatissimum.*
屬性：一年生草本植物
原產地：中亞、西亞

植物特徵

葉細長，線形，互生。莖直立，上部細軟且具有蠟質。花為藍或白色。種子為褐色。一般分成纖維用亞麻、油用亞麻和油纖兼用亞麻三大類型。其中以纖維用亞麻經濟價值較高，從莖到種子皆可加工利用。

生活應用

莖部的纖維堅韌耐磨，長時間泡在水中也不會腐爛，多製成魚網及繩索。另外日本人也用來製作涼蓆，或是高級的紡織品。雖也有藥用，但不可大量服用。

亞麻的花。

種子即俗稱的「亞麻籽」，可當食材，也可用來榨油，主要是提供工業使用，如製作成油漆或是油墨的原料。

亞麻是著名的經濟作物。

栽種條件

日照環境	全日照，可增加開花蒴果，提高種子產量
供水排水	供水正常，排水須順暢
土壤介質	砂質性壤土尤佳
肥料供應	地植充分添加基肥，可幫助成長
繁殖方法	播種為主
病蟲害防治	主要病害 亞麻鏽病，害蟲有亞麻夜蛾等，可用有機法防治

年中管理

月份	1	2	3	4	5	6	7	8	9	10	11	12
發芽期										●	●	●
成長期		●	●	●								
開花期				●	●							
衰弱期					●	●	●	●				

亞麻田。

金絲桃
St. John's Wort
Hypericum

別名：聖約翰草
學名：*Hypericum* spp.
屬性：草本或低矮灌木
原產地：廣泛分布世界各地

植物特徵

葉鮮綠，對生。莖直立向上成長。花5瓣，色金黃，雄蕊花絲彷彿金絲般而得名。開花期長，種植愈久甚至可全年開花。金絲桃屬約有400多種，許多都栽培作為庭園觀賞植物，只有聖約翰草（Hypericum perforatum, St. John's Wort）在歐美廣泛作為治療憂鬱症的藥草。

生活應用

金絲桃主要作為觀賞用，無論是大型盆栽、叢植、綠籬都很適合。花卉採收後，還可浸泡於按摩油，進行外敷，有鬆弛緊繃筋骨的效用。

金黃色的花為庭園增添色彩。

栽種條件

日照環境	全日照
供水排水	較喜愛濕潤的環境
土壤介質	中性壤土較為適合，地植更好
肥料供應	開花期前可添加磷肥，促進開花
繁殖方法	分株、扦插
病蟲害防治	病蟲害較少，容易栽培

年中管理

月份	1	2	3	4	5	6	7	8	9	10	11	12
發芽期	●	●										
成長期		●	●	●	●				●	●	●	●
開花期		●	●	●	●	●						
衰弱期							●	●				

成長快速，特別適合地植。

金絲桃可作為綠籬栽種。

金蓮花
Nasturtium

別名：旱金蓮
學名：*Tropaeolum majus*
屬性：原產地為多年生草本，在台灣多作一年生草本植物
原產地：南美洲

植物特徵

葉形與蓮葉極為相似而得名。葉互生，附有長柄，長於葉背中央，葉面有明顯的主脈。莖枝柔軟具匍匐性。花色豐富，有緋紅、桃紅、黃、橙黃、乳黃等色彩。

生活應用

葉、花可直接添加於生菜沙拉中，有類似芥末的滋味及口感，搭配生魚片也非常合適。種子可浸泡在橄欖油中，增添美味，或是與醋一起浸漬，當成配酒的小菜也很對味。

近似蓮葉的葉形。

花葉具有類似芥末的口感，相當特殊。

栽種條件

日照環境	全日照，通風良好
供水排水	供水正常，避免過於潮濕
土壤介質	中性壤土或培養土
肥料供應	換盆或地植時可同時施予氮肥及磷肥
繁殖方法	播種、扦插
病蟲害防治	病蟲害較少，容易栽培

年中管理

月份	1	2	3	4	5	6	7	8	9	10	11	12
發芽期	●									●	●	●
成長期	●	●	●								●	●
開花期		●	●	●	●							
衰弱期						●	●	●	●			

金蓮花花海。

斑葉金蓮花
Alaska Nasturtium

學名：*Tropaeolum majus 'Alaska'*

植物簡介

葉比綠葉品種多了斑紋，葉片口感也較好。

金蓮花在台灣的栽種歷史較久，後來香草業者又引進斑葉品種。花朵及葉片具有山葵般的香氣與口感，食用生菜沙拉時，可以剪摘下來一起鮮食。開花時盡可能剪下使用，成長更佳。然而由於開花迅速，若無法全部利用，可以任其開花後結成種子，當種子成熟為咖啡色，再採摘種子保存於密封罐，置於陰涼處，於中秋節過後再進行播種。

整片匍匐的的斑葉金蓮花。

香草小常識

Q 為什麼金蓮花總是種到初夏就會枯萎？

金蓮花在原產地南美洲為多年生草本，在台灣由於不耐夏季高溫多濕的氣候，平地多為一年生，高山地區則可以經年常綠。香草植物的生長期常常依栽培環境不同而有異，特別是金蓮花耐寒性強，山區涼爽的環境比較適合生長。

拔除黃化的葉片。

龍葵
Black Nightshade

別名：黑甜仔菜
學名：*Solanum nigrum*
屬性：一年生草本植物
原產地：東亞

植物特徵

葉卵狀，互生，具有短柄。莖直立，多分枝，基部
會木質化。開花性強，聚繖花序，頂生，花白色，
鐘型。植株要栽培夠大，才會開花。球型漿果以垂
生方式長出，成熟為紫黑色。種子小，近卵型。

生活應用

幼苗及嫩葉可食，直接川燙或熱炒食用，也可加
入湯類，味道稍微帶點苦澀，但後韻甘甜。黑色
成熟果實亦可食，採收後加以清洗可當成小零嘴
解饞，味道酸甜，但未
成熟的果實則帶有微
毒，不宜食用。

栽種條件

日照環境	全日照，半日照也可成長很好
供水排水	喜愛較潮濕的環境
土壤介質	一般壤土即可
肥料供應	不必施肥，地植即可成長良好
繁殖方法	播種為主，也經常形成自播現象
病蟲害防治	病蟲害較少，但必須注意通風

年中管理

月份	1	2	3	4	5	6	7	8	9	10	11	12
發芽期	●	●									●	●
成長期		●	●	●	●	●						
開花期		●	●	●	●	●	●					
衰弱期							●	●	●	●		

戶外田野間經常發現。

枸杞
Chinense Wolfberry

別名：西枸杞
學名：*Lycium chinense*
屬性：落葉灌木
原產地：東亞

植物特徵

葉卵形，互生。莖幹細長，具有短刺，叢生許多小枝。花為淡紫色，單生或雙生於葉腋，花冠呈漏斗狀。卵圓型漿果，成熟轉紅色，稱為「枸杞子」。

生活應用

枸杞自古即為中國食藥兼用的香草植物。含有豐富維他命C，嫩葉可沖泡成枸杞茶，枸杞子則是食補中不可或缺的要角，能補腎益精、養肝明目。根部曬乾稱「地骨皮」，亦可當作藥材，全株可說是物盡其用。

枸杞的花。

枸杞子。

栽種條件

日照環境	全日照
供水排水	等土壤即將乾燥時一次澆透，排水須順暢
土壤介質	排水良好的砂質壤土
肥料供應	可在換盆時施加基礎氮肥
繁殖方法	種子播種、扦插
病蟲害防治	病害有白粉病，蟲害有蚜蟲，可用有機法加以防治

年中管理

月份	1	2	3	4	5	6	7	8	9	10	11	12
發芽期	●	●									●	●
成長期		●	●	●	●							
開花期				●	●							
衰弱期							●	●	●	●		

在古老的中國，枸杞是傳說中長生不老的藥用植物。

辣椒
Pepper

別名：番椒
學名：*Capsicum annuum* L.
屬性：一年生至多年生草本植物
原產地：南美洲祕魯等地區

植物特徵

單葉互生，卵狀披針形，葉端尖。花白色，單生。果實呈長指彎曲狀，先端漸尖，未成熟的果實為綠色，成熟會變紅色、橙色或紫紅色。種子為淡黃色。辣椒是目前世界上使用最普遍的香料。

生活應用

辣椒的利用方式，包括直接生吃或乾燥成粉末狀，含有豐富的維他命C。功效多元，能夠抗氧化、增強抵抗力、助消化，增進食欲、促進血液循環、降低血管硬化、預防心血管等疾患。

栽種條件

日照環境	全日照
供水排水	土壤即將乾燥再供水，排水須順暢
土壤介質	排水良好之壤土
肥料供應	定植時施加基礎氮肥
繁殖方法	播種、扦插
病蟲害防治	病蟲害較少，但必須注意通風

年中管理

月份	1	2	3	4	5	6	7	8	9	10	11	12
發芽期	●	●									●	●
成長期		●	●	●	●	●						
開花期		●	●	●	●	●						
衰弱期								●	●	●		

辣椒栽培容易，盆植或地植皆適宜。

五彩辣椒
Ornamental pepper

別名：彩色辣椒、朝天椒
學名：Capsicum annuum

植物簡介

果實有紅、黃、紫、白等各種顏色且
具有光澤，集中在同一植株上，非常
可愛，兼具觀賞與食用性，風味類
似青椒。果實所含的辣椒
素是普通辣椒的10倍。
花為白色，花型較
小，大都簇生於
枝條頂端。

五彩辣椒兼具食用、藥用、觀賞的效果。

泰國辣椒
Thai Chili Pepper

學名：Capsicum annuum Thai

植物簡介

果實外型與一般辣椒相同，花為白
色，果實也以白色為主。泰國辣椒
的辣度為7～8級，是泰國料理的常
用食材，特別是泰式酸辣湯經常會
添加提味。

泰國辣椒為泰國料理的的常見香料。

古巴辣椒
Habanero Chili Pepper

別名：哈瓦納辣椒

學名：*Capsicum chinense* cv. 'Habanero'

植物簡介

成熟的果實為亮橘色，另外也有黃、紅色品
種。果實較一般的辣椒大，可直接生吃，或
是醃漬作為醬料，具有刺激的氣味且辣度很
高，還可作為驅蟲及觀賞用。種植多以一年
生栽培為主，開花為白色至綠白色花，單
生，鐘型而略為下垂，並帶細梗。

成熟的果實，辣度為 10 級左右。

香草小常識

 在很多料理中都可看到辣椒，
為什麼如此受歡迎？

辣椒原產於中南美洲，史前祕魯等地即有使用紀錄。墨西哥人喜愛辣椒的
程度，從其料理就可一窺究竟。中國的四川料理中辣椒也儼然成為主角，
東南亞料理同樣是缺之不可。辣椒的營養價值在醫學上紀錄很多，著實對
人體有幫助，但還是要適量，因為畢竟吃多還是會上火的。

月見草
Evening Primrose

別名：待霄花
學名：*Oenothera biennis* L.
屬性：一至二年生草本植物
原產地：美洲

植物特徵

葉互生，披針形，帶有短柄，葉緣有鋸齒。莖直立，多分枝。花黃色，具有香氣，單生於葉腋，花瓣4枚，種子細小。月見草通常在傍晚開花，並在天亮後凋謝，因而得名。

生活應用

早期美洲的印地安人食用草根及嫩葉。種子含油，主要成分為亞麻油酸，可減緩女性生理期不適。還能製成按摩油、口服膠囊，為相當受歡迎的保健用品。將整株月見草浸泡在溫水後，搗碎製成膏藥，可治療淤傷。由於開花時間在晚間，觀賞價值較低。

月見草花卉通常到傍晚才開花。

栽種條件

日照環境	半日照或全日照
供水排水	供水正常，排水須順暢
土壤介質	對土壤要求不嚴
肥料供應	地植或換盆時可同時施用有機氮肥，開花期前追加海鳥磷肥
繁殖方法	播種為主，春播較為適合，發芽溫度約15～20℃。在栽培上，若是以採收種子為主，大部分不會進行摘蕾
病蟲害防治	常有斑枯病，須特別注意通風良好

年中管理

月份	1	2	3	4	5	6	7	8	9	10	11	12
發芽期		●	●									
成長期				●	●	●	●	●	●	●		●	
開花期				●	●					●	●	
衰弱期	●										●	●

種子經濟價值高，通常以地植為主。

玫瑰月見草
Rose Oenothera

別名：粉花月見草
學名：*Oenothera rosea*

植物簡介

不同於其他月見草的
地方，在於晚上開的
花為白色，到了隔天
早上會變成類似玫瑰
的粉紅色，因而得
名。

粉紅色花卉。

圖片提供／吳明祥

香草小常識

Q 經常聽到月見草油，
它有甚麼特色嗎？

部分的香草如琉璃苣、月見草，可從
其開花後的種子中，利用低溫壓榨的
方式來提煉油脂。月見草種子所提煉
的月見草油，含有特殊的脂肪酸，
是製造前列腺素的重要物質，具有
調節人體生理機能的功效，特別是
對女性的新陳代謝及體質調整有幫
助。市面上通常做成膠囊販售，以
保持新鮮度、避免油脂氧化。

蛇麻草
Hop

別名：啤酒花
學名：*Humulus lupulus*
屬性：多年生草本蔓性植物
原產地：歐洲、亞洲西部地區

植物特徵

掌形複葉，一片葉上有3～5枚葉瓣。莖從分枝的根部長出，可延伸長達6～8公尺。雌雄異株，花很小，呈球果狀，黃綠色。

生活應用

蛇麻草應用歷史悠久，中古世紀歐洲釀製啤酒時添加蛇麻草，使啤酒具有清爽的苦味以及芬芳的香氣。高品質的蛇麻草和麥芽，能釀造出持久的啤酒泡沫，並有利於麥汁的澄清，釀造出清純的啤酒，因此蛇麻草又被稱為「啤酒的靈魂」。另外花朵直接熬煮成茶，過濾後飲用，有增加食慾的功效。

圖片提供／尤次雄

釀酒所用均為雌花。具有天然的防腐力，因此啤酒不用再添加防腐劑。

栽種條件

日照環境	全日照
供水排水	供水正常
土壤介質	不擇土壤，但以肥沃、通氣性良好的壤土為宜
肥料供應	成長期須添加肥料
繁殖方法	以扦插為主
病蟲害防治	高溫多雨季節易有紅蜘蛛為害，可用有機法加以防治

年中管理

月份	1	2	3	4	5	6	7	8	9	10	11	12
發芽期	●	●									●	●
成長期			●	●	●	●						
開花期					●	●						
衰弱期							●	●	●	●		

蛇麻草初期可以盆植，但成長後最好定植於地上，並搭棚架以利攀爬。

台灣天仙果
Taiwan Fig-tree

別名：羊奶頭
學名：*Ficus formosana* Maxim
屬性：常綠小灌木
原產地：台灣、中國大陸南方地區

植物特徵

葉互生，具有短柄，倒披針形。雌雄異株，果實生於葉腋，卵狀，先端凸起，具有白色斑點，熟時呈黑色。因為熟果很像羊的乳房，且具有白色乳汁而得名。

生活應用

主要運用部位為根、莖，有清毒解熱的作用。根莖可入菜熬湯，滋味鮮美，最有名的菜色就是與雞湯一起熬煮，稱之為「羊奶頭雞」，在近年來相當受到歡迎。

圖片提供／尤次雄

成熟的黑色果實。

栽種條件

日照環境	全日照
供水排水	供水正常，排水順暢
土壤介質	一般壤土即可
肥料供應	可於春秋兩季追加氮肥，以利成長
繁殖方法	可自然形成自播現象
病蟲害防治	隸屬台灣原生種，植株強壯，病蟲害不多

年中管理

月份	1	2	3	4	5	6	7	8	9	10	11	12
發芽期	●	●										●
成長期	●	●	●	●	●	●				●	●	●
開花期		●	●	●								
衰弱期							●	●	●			

分布在台灣各山區闊葉林為主的林地，雖然為榕樹屬，但株高最高約 2 公尺。

普拉特草
Pratia

別名：銅錘玉帶草、老鼠拉秤錘
學名：*Lobelia nummularia* Lam.
屬性：多年生匍匐性草本植物
原產地：台灣，中國大陸南部地區

植物特徵

葉互生，深綠卵狀。莖纖細且具匍匐性。淡紫色小花，單生於葉腋中。由於果實像秤錘，葉類似老鼠外型，因此閩南語稱之為「老鼠拉秤錘」，相當有趣。

生活應用

果實多汁，可直接食用，也可製成果醬。莖、葉洗淨後曬乾熬煮，可當解渴的清涼飲料，有祛風、活血、解熱、消炎等功效。同時也具有觀賞價值，可種植在大型盆景的表土，或是作為小品盆栽、吊盆。

莖纖細且具匍匐性，可延伸很長，適合作吊盆。

栽種條件

日照環境	全日照
供水排水	供水正常，排水順暢
土壤介質	一般壤土即可
肥料供應	可於春秋兩季追加氮肥，以利成長
繁殖方法	播種、扦插。春、秋季為繁殖適期
病蟲害防治	病蟲害不多，栽培容易

年中管理

月份	1	2	3	4	5	6	7	8	9	10	11	12
發芽期	●										●	●
成長期		●	●	●	●	●						
開花期				●	●	●	●	●				
衰弱期								●	●			

果實成熟後呈深紫色。

桔梗
Chinese Bellflower

別名：中國桔梗
學名：*Platycodon grandiflorus*
屬性：多年生草本植物
原產地：中國大陸、朝鮮半島、日本和西伯利亞東部

植物特徵

葉互生，近於無柄，莖直立。鐘型花冠，藍紫色花。倒卵型蒴果。根部結實而梗直，因而得名。

生活應用

主要作為園藝觀賞栽培，由於花型與花色非常特殊美麗，加上在夏季花卉較少的季節開花，所以是夏日受歡迎的園藝素材。自古即作為藥用，為中藥材之一，根部煎煮後服用，有鎮咳祛痰的功效。

圖片提供／吳昭祥

美麗的桔梗花，常被作為插花的素材。

栽種條件

日照環境	全日照
供水排水	供水正常，排水順暢
土壤介質	砂質壤土或一般培養土皆可
肥料供應	成長期施加氮肥，開花期前則添加磷肥
繁殖方法	播種為主
病蟲害防治	有紅蜘蛛、蚜蟲等蟲害，可用有機法防治
年中管理	

年中管理

月份	1	2	3	4	5	6	7	8	9	10	11	12
發芽期			●	●								
成長期			●	●	●	●	●	●	●	●		
開花期				●	●	●	●	●				
衰弱期	●	●									●	●

桔梗適合盆植，作為觀賞性花卉。

醉魚木
Butterfly Bush

別名：大葉醉魚草
學名：*Buddleja davidii*
屬性：常綠灌木
原產地：中國大陸

植物特徵

葉互生，披針狀。莖直立，容易木質化成為枝幹。花卉呈長穗狀，花色除了紫色外，還有暗紅色等。國外歸類為觀賞為主的香草植物，也是重要的蜜源植物。

生活應用

醉魚木適合栽培於台灣山區，成長較良好。清境的梅峰農場在開花季節，總是吸引眾多遊客目光。近年來平地也開始栽培作為園藝造景之用。在花卉較少的夏秋季節，頗富觀賞價值。

醉魚木是著名的蜜源植物。

栽種條件

日照環境	全日照
供水排水	喜愛濕潤，排水須順暢
土壤介質	一般壤土即可栽培
肥料供應	成長期施加氮肥，開花期前則添加磷肥
繁殖方法	扦插為主
病蟲害防治	病蟲害較少

年中管理

月份	1	2	3	4	5	6	7	8	9	10	11	12
發芽期		●	●	●	●							
成長期			●	●	●	●	●	●	●	●		
開花期					●	●	●	●	●	●		
衰弱期	●										●	●

醉魚木開花集中在初夏到秋天。

奧勒岡
Oregano

別名：綠葉牛至、花薄荷
學名：*Origanum vulgare*
屬性：多年生草本植物
原產地：歐洲地中海沿岸地區

植物特徵

葉呈卵狀，對生，密布絨毛。莖具有匍匐性，攀爬於地面，開花後枝向上生長，橢圓葉片也會變成狹長形。開粉紅色花，在台灣平地因低溫不足，較難開花。

生活應用

奧勒岡是國外料理普遍運用的香草，經常用在肉類調味，並添加於沙拉、起司、番茄、義大利麵等，尤其與披薩、蘑菇相當搭配，所以奧勒岡又被稱為「披薩草」、「蘑菇草」。還能泡成香草茶飲，具有促進消化、殺菌等作用。乾燥的奧勒岡葉片，風味及香氣特別強烈。

奧勒岡葉。

奧勒岡是國外料理中常用的材料。

栽種條件

日照環境	春秋冬全日照，夏季半日照或遮蔭
供水排水	排水順暢
土壤介質	培養土及中性壤土皆可
肥料供應	春秋兩季以添加有機氮肥為主
繁殖方法	播種、扦插、壓條
病蟲害防治	甚少病蟲害，但梅雨季節適應較差，入夏前應修剪枝、葉，使通風順暢

年中管理

月份	1	2	3	4	5	6	7	8	9	10	11	12
發芽期										●	●	●
成長期	●	●	●	●	●							
開花期					●	●						
衰弱期							●	●	●			

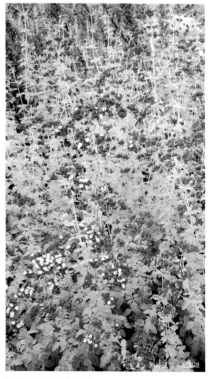

奧勒岡的粉紅色花朵。

同屬品種

馬郁蘭
Sweet marjoram

栽培初期成長較慢，開花期前會加速成長。

別名：馬鬱蘭、馬約蘭、甜馬郁蘭
學名：*Origanum majorana*

植物簡介

葉心形，表面光滑。莖直立。花為白色，幾乎全年皆可開花。馬郁蘭具有高級且優雅的香氣，能添加到食物中提昇口感，建議於烹調最後添加，以免加熱過久而喪失原味，也可以直接生鮮食用。沖泡成香草茶適合飯後喝，有助消化。

馬郁蘭的葉片較小。

黃金奧勒岡
Golden Oregano

別名：金色花薄荷
學名：*Origanum vulgare* 'Aureum'

植物簡介

葉片黃色且表面光滑。莖節間很短，並密生成叢狀。在台灣平地較不容易開花。可用於食品的調味，金黃色的葉能增添料理色彩。芳香方面可製成沐浴包泡澡，有助消除疲勞。佈置上適合種植吊盆，既芳香又美觀。栽種方式與奧勒岡相同，但忌諱高溫多濕，在台灣平地較不容易過夏。

金黃色葉。

黃金奧勒岡的莖節間很短，並密生成叢狀。

將黃金奧勒岡的葉加入料理，能夠幫助消化。

義大利奧勒岡
Italian oregano

別名：義大利馬郁蘭
學名：*Origanum x majoricum*

義大利奧勒岡葉。

植物簡介

葉片大小介於奧勒岡與
馬郁蘭之間，香氣與外
型比較像馬郁蘭，同樣
可運用於料理、茶飲、
芳香與沐浴。義大利奧
勒岡對台灣平地氣候的
適應非常良好，特別是夏季高溫多濕的環境也可以
度過，算是牛至屬中最適合台灣栽培的品種。

義大利奧勒岡很適應台灣氣候，易栽培
成長。

香草小常識

**Q 我喜歡奧勒岡與馬郁蘭的香
氣，如何烹調最美味呢？**

奧勒岡與馬郁蘭深受香草料理愛好者
歡迎，於國外的料理運用也相當普
遍。馬郁蘭香氣濃郁，奧勒岡沒有香
氣，但食用時帶有稍許辛辣的味道。
兩者皆可直接加入沙拉中食用，也可
稍微加熱，口感更好。還能乾燥後當
成香料使用。

馬郁蘭為受歡迎的香草料理材料。
圖為馬郁蘭鮪魚番茄盅。

仙草
Mesona

別名：仙人草、仙人凍
學名：*Mesona procumbens* Hemsl
屬性：多年生草本植物
原產地：中國大陸、台灣

仙草的乾燥莖葉。

植物特徵

葉對生，被有柔毛，狹卵形。總狀花序頂生，花為暗紫色。原生於坡地、溝谷，主要分布於低海拔山區，大量栽培地區以新竹縣關西鎮最為著名。

生活應用

仙草是台灣最耳熟能詳的香草植物，主要用來食用，可預防中暑及感冒。夏日消暑的清涼飲品—仙草凍是將乾燥後的枝葉加水與少許鹼汁共同煎煮，再添加少許澱粉製成；冬季將仙草凍用糖水加熱，即是溫暖的燒仙草。

仙草新鮮葉片。

栽種條件

日照環境	半日照或全日照
供水排水	保持濕潤以利生長
土壤介質	一般壤土皆可
肥料供應	可配合春秋兩季修剪後，再加以施肥
繁殖方法	以扦插為主
病蟲害防治	甚少病蟲害，但要常修剪枝葉使通風順暢

年中管理

月份	1	2	3	4	5	6	7	8	9	10	11	12
發芽期		●	●	●								
成長期				●	●	●	●					
開花期							●	●	●	●		
衰弱期	●										●	●

仙草的生長力相當強盛。

羊耳草
Lamb's ear

別名：羊耳石蠶、綿毛水蘇
學名：*Stachys byzantina*
屬性：多年生草本植物，在台灣多作一年生
原產地：高加索地區至伊朗的山區

植物特徵

葉橢圓狀，對生，帶有短柄。莖直立，全株被白色長綿毛。穗狀花序頂生，花為紫紅色。耐寒性強。在國外多為初夏開花，目前在台灣還不多見，主要原因在於無法度夏。

生活應用

植株低矮，葉色銀白，可用來佈置花壇，特別是在國外的香草花園大都當成花圍籬。另外全株倒吊陰乾後，可作為乾燥花等花藝使用。

栽種條件

日照環境	全日照
供水排水	喜愛濕潤，排水須順暢
土壤介質	一般壤土即可栽培
肥料供應	成長期施加氮肥，開花期前則添加磷肥
繁殖方法	扦插為主
病蟲害防治	病蟲害較少

年中管理

月份	1	2	3	4	5	6	7	8	9	10	11	12
發芽期		●	●	●	●							
成長期			●	●	●	●	●	●	●	●		
開花期						●	●	●	●	●		
衰弱期	●										●	●

葉形像羔羊的耳朵，而有「羊耳草」之名，也有人形容像嬰兒的耳垂。

羊耳草於國外多於初夏開花。

百里香
Common Thyme

別名：直立百里香、麝香百里香
學名：*Thymus vulgaris*
屬性：常綠小灌木
原產地：歐洲地中海沿岸地區

植物特徵

葉細小，對生，呈卵狀或披針形。此品種百里香又稱為「直立百里香」，是百里中香最基本的品種。因為具有麝香酚成分而又稱為「麝香百里香」。花頂生或從葉腋中長出，主要為白色，另外也有淡紫、粉紅等品種。

生活應用

枝葉採收後可直接生鮮食用，優雅濃郁的香氣，適合加入肉類料理或是做成香草束，具有幫助消化、增強體力、去痰、止咳、殺菌、防腐的功效。百里香也可以倒吊乾燥後，當作花藝及工藝的材料。

百里香花朵主要為白色。

栽種條件

日照環境	全日照。晝夜溫差大可促進開花
供水排水	土壤即將乾燥時再供水，排水須順暢
土壤介質	砂質性的壤土為佳
肥料供應	可配合春秋兩季修剪換盆後，再加以施予基肥
繁殖方法	播種、分株、扦插、壓條皆可
病蟲害防治	甚少病蟲害。但要加以修剪枝、葉使通風順暢

年中管理

月份	1	2	3	4	5	6	7	8	9	10	11	12
發芽期	●	●	●								●	●
成長期		●	●	●	●						●	●
開花期				●	●	●						
衰弱期							●	●	●	●		

百里香是香草愛好者的必種品種，利用價值高，通常用於料理、茶飲。

百里香品種很多，依成長狀態分成直立及匍匐兩種，高度基本上都不超過 30 公分。

銀葉百里香
Silver Thyme

別名：銀斑百里香
學名：*Thymus vulgaris* 'Argenteus'

植物簡介

香氣近似上述的百里香，但較為清淡。在國外開花性強，每年的春末夏初會開出粉紅色花朵。在台灣平地過夏不易，因此建議在入夏前盡可能加以修剪，以避免高溫多濕而造成植物枯萎。

銀葉百里香主要作為庭園造景之用。

鋪地百里香
Creeping Thyme

別名：鋪地香
學名：*Thymus praecox*

植物簡介

鋪地百里香具有匍匐性，因此植株較為矮小。適合栽種季節為秋、冬、春，夏季常會因土壤積水而爛根枯萎，所以必須種植在排水良好的長條盆中，或是地植在堆高的畦壠上，並且經常拔除雜草以免被掩蓋。香氣特殊，在國外多作為草坪使用，特別適合作戶外停車場的地面。

鋪地百里香的葉片比原生百里香寬大。

鋪地百里香具有匍匐性。

寬葉百里香
Wild Thyme

學名：*Thymus pulegioides*

植物簡介

隸屬於雜交的品種，在原產地成長很好，但在台灣平地過夏不易，屬於在台灣較不容易成長的品種。但由於此類雜交品種如薰衣草百里香、薄荷百里香以及奧勒岡百里香等種類較多，不久的將來一旦馴化成功，將會成為很受歡迎的百里香品種。

葉片因較一般百里香寬而得名。

檸檬百里香
Lemon Thyme

別名：綠葉檸檬百里香、檸檬麝香草
學名：*Thymus x citriodorus*

植物簡介

除了具有百里香的香氣外，還帶有檸檬香氣，經常添加在茶飲中。栽種上也比較容易，只要在入夏前勤加修剪，並於春季施予有機氮肥，就能生長良好，加上蟲害較少，照顧不難，因此建議喜愛百里香的同好可以嘗試栽種。

檸檬百里香是百里香的另一大類，有綠葉、黃斑、白斑等品種。非常受女生歡迎。

檸檬百里香的綠葉，又稱「綠葉檸檬百里香」。

白斑檸檬百里香
Silver Queen Lemon Thyme

別名：檸檬白斑麝香草
學名：*Thymus x citriodorus* 'Silver Queen'

植物簡介

外型類似銀葉百里香，綠葉帶有白邊，具有特殊檸檬香氣，屬於檸檬百里香系列。是茶飲及料理的代表香草之一，可直接加入肉類、海鮮烹調。在古希臘、羅馬時代即作為空氣淨化的薰香之用，也可直接加入沐浴包用來清潔身體。

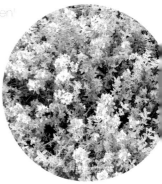

白斑檸檬百里香的白色花朵。

白斑檸檬百里香的特徵為綠葉帶有白邊。

黃斑檸檬百里香
Golden Lemon Thyme

別名：檸檬黃斑麝香草
學名：*Thymus x citriodorus* 'Aureus'

植物簡介

葉色豔麗，帶有特殊檸檬香氣，生活運用廣泛。茶飲方面，可與任何茶飲用香草搭配；料理上搭配魚肉、蔬食皆宜；在健康方面，具有鎮靜及殺菌功能；芳香利用則可自製純露，用於沐浴、美容；花藝方面可用來插花或押花。

黃斑檸檬百里香的用途多元，相當受歡迎。

綠葉帶有黃色葉緣，在園藝上可增加庭園視覺的享受。

百里香系列相當受到香草愛好者的青睞。

Q 為什麼在眾多的香草種類中，
百里香特別受歡迎？

在中古世紀的歐洲，若要稱讚一個男人，通常會說他是「充滿百里香味道」
的男人，因為百里香所含有的麝香酚，自古以來即為製作古龍水的原料。另
一方面，百里香的花語是「勇敢」，十字軍東征的騎士，通常會在戰袍內繡
上百里香的圖案，象徵無比的勇氣。此外檸檬百里香特殊的香氣，更是當時
上流社會貴婦的最愛。

廣藿香
Potchouli

別名：刺蕊草
學名：*Pogostemon cablin*
屬性：多年生草本植物
原產地：亞熱帶地區、中國東南地區

植物特徵

葉皺縮，呈卵形或橢圓形，對生，葉柄細。莖略呈方柱狀，多分枝，表面被柔毛。香氣特殊，味微苦。花莖與花萼為暗紅色，小花頂生為淡粉紅色。廣藿香經常會被誤認成到手香，實際上兩者是不同的香草植物，可從葉形與香氣來區分。

生活應用

香氣濃烈而持久，是很好的定香劑，通常用來做東方香水。精油中獨特的辛香和松香成分隨時間會變得更加明顯，是已知香草植物中持久性最好的。

廣藿香的皺縮葉片。

廣藿香葉。

栽種條件

日照環境	全日照
供水排水	注意排水，要防止雨水過多而積聚
土壤介質	砂質性壤土
肥料供應	春秋兩季施予有機氮肥
繁殖方法	扦插為主
病蟲害防治	病害有斑枯病等，蟲害則有蚜蟲、紅蜘蛛等，可用有機法防治

年中管理

月份	1	2	3	4	5	6	7	8	9	10	11	12
發芽期			●	●	●							
成長期				●	●	●				●	●	
開花期						●	●	●	●			
衰弱期	●	●										●

金錢薄荷
Ground Ivy

別名：連錢草、金錢草
學名：*Glechoma hederacea* L.
屬性：多年生草本植物
原產地：廣泛分布於日本、韓國等地區

植物特徵

葉片對生，心狀腎形且微皺，葉緣呈鈍鋸齒狀。全株被有細毛，方形的莖為紅褐色，呈匍匐狀。開花期通常在春至秋季，輪繖花序，於葉腋生出，花冠為筒狀，開粉紅色花。多生長於中、低海拔的山區至平地陰濕地。

匍匐莖蔓生，適合作為吊盆植物。

生活應用

大部分作為庭園美化、地被植物或是吊盆等觀賞植物。嫩葉可以生吃，拌入沙拉食用。民間療法常用於煎服，有解熱及利尿等功效。

鋸齒狀葉緣。

粉紅色的筒狀花朵。

栽種條件

日照環境	半日照或全日照
供水排水	喜歡濕潤的環境
土壤介質	一般壤土即可
肥料供應	春秋兩季施予有機氮肥
繁殖方法	分株、壓條
病蟲害防治	甚少病蟲害，但要加以修剪枝、葉使通風順暢

年中管理

月份	1	2	3	4	5	6	7	8	9	10	11	12
發芽期		●	●	●								
成長期			●	●	●	●	●	●	●	●		
開花期			●	●					●	●		
衰弱期	●										●	●

斑葉金錢薄荷
Variegated Creeping Charlie

別名：斑葉連錢草
學名：*Glechoma hederacea 'Variegata'*

植物簡介

一般來說，食用及藥用通常會以綠葉品種的金錢薄荷為主，而裝飾及綠化環境則會選擇斑葉的品種，其中吊盆佈置特別適合。斑葉金錢薄荷也可以作為地披植物，主要功能在於阻止其他雜草的蔓生，而達到減少除草的目的。

斑葉金錢薄荷主要作為觀賞用途。

葉緣具有白斑。

香草小常識

Q 香草植物常有綠葉及斑葉的品種，其差別在哪裡？

很多香草植物都同時有綠葉及斑葉的品種，除了葉色的不同，用途也會有差異。一般而言，斑葉品種具有較高的觀賞價值，如斑葉金錢薄荷。但有些斑葉品種的食用價值比綠葉品種來得好，接受度也比較高，例如斑葉金蓮花。另外也有用途相同的，例如綠葉到手香與斑葉到手香。

迷迭香
Common Rosemary

別名：原生迷迭香、直立迷迭香
學名：*Rosmarinus officinalis*
屬性：常綠灌木
原產地：地中海沿岸

植物特徵

葉對生，線形，具有光澤，內緣有白色帶狀。莖多分枝，會形成木質化。花頂生或葉腋而生，開藍紫或粉白色花。迷迭香品種眾多，依成長方式分為直立性及匍匐性。

生活應用

運用範圍廣泛，在歐洲有「魔法料理香草」之稱，具有強壯、安神及幫助消化等作用。適合搭配肉類料理，或是與起司、番茄、馬鈴薯一起烹調。在美容方面，迷迭香具有收斂效果，可保養肌膚，精油能製成沐浴乳與潤絲精。

具有光澤的線形綠葉。

直立性迷迭香的香氣較匍匐性濃郁，所以一般料理較常用的是直立性迷迭香。

栽種條件

日照環境	全日照環境尤佳
供水排水	要注意排水順暢，盡量於土壤乾燥後再澆水
土壤介質	砂質性壤土或一般培養土
肥料供應	入春及入秋前追加有機氮肥
繁殖方法	播種、扦插。以扦插法為主，從中秋節過後到隔年端午，最適合繁殖
病蟲害防治	病蟲害較少，主要忌諱夏季高溫多濕的氣候，須勤加修剪

年中管理

月份	1	2	3	4	5	6	7	8	9	10	11	12
發芽期		●	●	●								
成長期	●	●	●	●		●				●	●	●
開花期				●	●							
衰弱期						●	●	●	●			

直立性迷迭香在台灣較不易開花，而匍匐性品種幾乎全年皆可開花。

同屬品種

抱木迷迭香
Lockwood Rosemary

學名：*Rosmarinus officinalis* 'Lockwood'

植物簡介

針狀葉，對生，屬於匍匐性的品種。匍匐性的迷迭香中，抱木迷迭香枝條向下生長的趨勢最明顯。除了可運用於料理與茶飲，也兼具觀賞性。在國外多種植在陽台等高處，讓枝葉直接下垂成長，在庭園景觀上具有特殊的視覺效果。

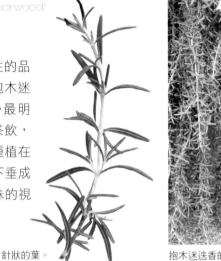

針狀的葉。

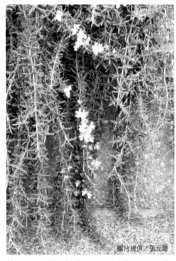

圖片提供／張元聰

抱木迷迭香的枝條明顯地垂直向下生長。

亞柏迷迭香
Arp Rosemary

亞柏迷迭香屬於直立品種，主要作觀賞用途。

學名：*Rosmarinus officinalis* 'Arp'

植物簡介

在台灣較罕見，屬於直立性品種，精油含量高。花色偏白，在台灣平地由於冬季未能達到一定的低溫，因此開花性不強。迷迭香種類多，此品種為後來經人工培育而成，主要作為園藝品種，以觀賞性為主。

葉片香氣濃郁。

同屬品種

匍匐迷迭香
Severn Sea Rosemary

別名：賽汶海迷迭香
學名：*Rosmarinus officinalis* 'Severn Sea'

別名「賽汶海迷迭香」，為匍匐性迷迭香代表品種，有較明顯的橫向發展。

植物簡介

最具代表性的匍匐性迷迭香，盆具栽培可選擇種在長條盆，若是露地栽種，由於成長快速，植株碩大，所以要保持適當的株間約50～70公分。常被添加於各種保養品，護膚及護髮的功效顯著，也可編織成花圈。花期主要在冬季，作為聖誕節的花圈裝飾相當應景。

圖片提供／尤次雄

匍匐性迷迭香的生長快速，很快就能長成碩大的植株。

針葉迷迭香
Pine Rosemary

別名：松葉迷迭香
學名：*Rosmarinus officinalis* 'Pine'

植物簡介

外型與特性屬於比較特殊的迷迭香種類。葉形針狀對生，但葉色較無光澤。枝條硬，植株挺立，具有濃烈松脂味，比較不適合食用，大多用於觀賞或提煉精油。雖然早期常被誤以為是迷迭香屬的另一個種，但現在的分類已經確認它仍然屬於*Rosmarinus officinalis*。

針葉迷迭香主要作為觀賞或提煉精油。

針葉迷迭香的葉亦呈針狀，但缺少光澤。

寬葉迷迭香
Rex Rosemary

別名：雷克斯迷迭香
學名：*Rosmarinus officinalis 'Rex'*

植物簡介

葉片比一般迷迭香寬，顏色
深綠且有光澤。使用方法同
一般迷迭香，用來醃漬肉類
（特別是牛肉），可讓肉變
得柔軟爽口。由於松脂及草
腥味較濃，較不適合沖泡成
茶飲。

寬葉迷迭香的葉較一
般迷迭香寬。

寬葉迷迭香可用來搭配牛肉料理，能有效去腥。

斑葉迷迭香
Variegated Rex Rosemary

別名：斑葉雷克斯迷迭香
學名：*Rosmarinus officinalis 'Rex Variegata'*

植物簡介

葉片比一般迷迭香寬，葉緣帶有黃色
斑紋，對生。除了具有觀賞價值，食
用方面可以剪下枝葉後，浸泡於橄欖
油或醋中，等香氣浸出後，作為醬汁
使用。迷迭香的護膚、護髮功效很顯
著，常被添加於各種保養品。

屬於匍匐迷迭香的變種，葉片極為特殊。

葉緣帶有淡黃色的斑紋。

同屬品種

藍小孩迷迭香
Blue Boy Rosemary

學名：*Rosmarinus officinalis* 'Blue Boy'

植物簡介

葉短小，嫩枝呈白色，栽種的第一年就會開花。花藍紫色，呈短穗總狀花序，由腋芽側生。如果希望促進開花，須修剪摘芯，並把握上剪下修的原則，也就是頂芽要剪下以促進分枝，而接近根部因潮濕而發黑的葉片則加以修掉，使其在春、秋繼續萌生嫩芽。由於開花性強，花色較深，觀賞價值高，很適合編織成花冠。

藍小孩迷迭香是開花性最強的迷迭香品種。

白色的嫩枝，匍匐性較不明顯。

香草小常識

Q 每到夏天，迷迭香接近根部的葉片常有發黑現象，是什麼原因？

迷迭香大約在1990年引進台灣，經過多年馴化，目前大部分品種都能安然度過高溫多濕的夏季。但每逢梅雨季節過後，迷迭香底部的葉片經常會有發黑現象，甚至連種植一段時日的迷迭香，也有可能在一夕之間完全枯黑，其實這都是因為多濕的關係。因此種植迷迭香的要訣在於保持乾燥，等土壤即將完全乾燥時，再供給水分。至於颱風或多雨的季節，應將盆栽移至雨水淋不到的地方。

迷迭香適用範圍廣泛，在歐洲有「魔法料理香草」之稱。圖為直立迷迭香。迷迭香依外型成長方式分為直立性與匍匐性兩大類。

貓苦草
Cat Thyme

別名：貓百里香、醋味百里香
學名：*Teucrium marum*
屬性：多年生草本植物
原產地：歐洲

植物特徵

葉對生，銀白色，葉片小且略呈菱形，具有很強的辛辣味。穗狀花序，夠大的植株會在冬、春左右開桃紅色花。在台灣平地很容易成長，且適合在岩縫中生長。雖然外型類似百里香，但香氣完全不同。

生活應用

貓苦草原本只用來觀賞，後來人們開始在食物中少量添加，貓苦草具有醋味，可增加口感，還能改善食慾不振、消化不良。此外貓苦草濃烈的氣味，很容易招引貓咪，是許多貓咪喜愛的味道。

貓苦草的葉子較小且略呈菱形。

栽種條件

日照環境	全日照
供水排水	注意排水順暢，盡量等土壤乾燥後再澆水
土壤介質	一般培養土即可
肥料供應	春秋兩季追加有機氮肥
繁殖方法	以扦插法為主
病蟲害防治	病蟲害較少。若要保持成長，建議置放於遠離貓咪活動的場所

年中管理

月份	1	2	3	4	5	6	7	8	9	10	11	12
發芽期	•	•									•	•
成長期	•	•	•	•	•					•	•	•
開花期		•	•	•								
衰弱期						•	•	•	•			

貓苦草具有濃烈的氣味，容易吸引貓咪聞嗅。

到手香
Indian Borage

別名：左手香、過手香
學名：*Plectranthus amboinicus*
屬性：多年生草本植物
原產地：非洲南部、亞洲南部、澳洲

植物特徵

葉片呈橢圓形，葉緣有鈍鋸齒，表面布滿濃密的絨毛，肉質葉片肥厚而富含水分，香氣濃郁。莖直立，小花頂生，淡紫色。早在明朝時就以藥用植物引入栽培，是民俗療法中廣泛使用的香草植物。

生活應用

到手香是民間常用的藥草，閩南話又稱為「左手香」。被蚊蟲叮咬時，人們常會摘下到手香的葉子，揉碎後覆蓋在遭叮咬的部位，消腫效果極為顯著。煎服有解熱健胃等功效，外用敷治刀傷、燙傷，可當作家庭急救藥草。到手香在東南亞國家是經濟價值極高的植物，其所萃取的精油具有濃烈的香柏氣味，可作為薰香與香料固定劑。

葉片肥厚多汁。

栽種條件

日照環境	半日照或全日照
供水排水	供水正常，排水須順暢，稍微潮濕的環境亦可
土壤介質	一般培養土到壤土皆可
肥料供應	換盆或地植時施予基礎肥，並於春、秋兩季再進行追肥
繁殖方法	繁殖容易，扦插很快就可發根
病蟲害防治	病蟲害不多，照顧容易

年中管理

月份	1	2	3	4	5	6	7	8	9	10	11	12
發芽期			●	●						●	●	
成長期			●	●	●	●	●	●	●	●		
開花期										●	●	
衰弱期	●	●										●

到手香照顧容易，可當作家庭急救藥草。

同屬品種

小葉到手香
Cuban Oregano

別名：古巴奧勒岡

學名：*Plectranthus socotranum*

植物簡介

葉片比一般到手香小，但香氣濃郁，用途與功效相同。可以種植在大型的盆栽或長條盆中觀賞，或是直接露地種植，成長相當快速。在栽種過程須要經常加以摘芯，以維持通風順暢。

葉形類似奧勒岡，因此別名「古巴奧勒岡」。

葉片比一般的到手香小。

斑葉到手香
Margined Spanish Thyme

斑葉到手香的葉片香氣也極為濃郁。

別名：斑葉左手香

學名：*Plectranthus amboinicus* 'Variegata'

植物簡介

葉片邊緣呈不規則鋸齒狀，鑲有白邊。用途與功效與綠葉品種相同，外型上更具有觀賞價值。

斑葉到手香的最大特色為鑲有白邊的鋸齒狀葉緣。

檸檬到手香
Tulsi

學名：*Plectranthus hadiensis 'tomentosum'*

植物簡介

莖部呈蔓性生長，葉及莖部肉質多汁，
易斷裂。全株帶有薄荷的清香與淡淡的
檸檬味，用途與一般到手香相同。

葉片具有淡淡的檸檬香氣。

葉片較一般到手香為大，栽培容易。

香草小常識

Q 到手香通常被稱為「左手香」，
其由來為何？

到手香在明朝時以藥草引入栽培，
已成歸化植物。到手香是台灣民間
使用非常普遍的植物，早期的中醫
師因以漢語發音，將此具有濃郁香
氣的植物稱為「到手香」、「過手
香」。經過輾轉傳譯，被使用閩南
語的人直接譯為「左手香」。

植物名稱也是約定俗成，「到手
香」、「左手香」目前皆可稱呼。

香蜂草
Lemon balm

別名：檸檬香蜂草
學名：*Melissa officinalis*
屬性：多年生草本植物
原產地：溫帶的中東地區

植物特徵

葉對生，著生於每一莖節上，圓鋸齒葉片呈寬卵或心形，葉脈明顯。莖呈方型，分枝性強，極易形成叢生，莖及葉密布細絨毛。較不易開花。

生活應用

香蜂草的新鮮葉片可運用在沙拉、油醋、魚肉類等料理，還能加入酒中以延長保存期。藥用上可將葉片搗碎製作防蟲藥膏、驅蟲劑。芳香用途上可將香蜂草乾燥後作為香草枕頭的填充物。香蜂草多被視為保健植物，單獨或搭配其他香草沖泡成茶飲，具有解熱及促進發汗的效果。

葉緣具有圓鋸齒狀。

台灣由於氣候因素，無論平地或山區都極少開花。

栽種條件

日照環境	全日照或半日照
供水排水	性喜濕潤土壤
土壤介質	一般培養土或壤土皆可
肥料供應	入春成長快速時，可添加有機氮肥
繁殖方法	分株、扦插
病蟲害防治	春夏之際蟲害較多，可採用有機法防治

年中管理

月份	1	2	3	4	5	6	7	8	9	10	11	12
發芽期		●	●	●								
成長期			●	●	●	●				●	●	
開花期												
衰弱期							●	●	●			

香蜂草外型類似薄荷，經常會被誤認。實際上兩者為不同屬的植物，可透過氣味來區別：香蜂草具有檸檬香氣，薄荷類則沒有。

同屬品種

台灣香蜂草
Bee Balm

別名：蜜蜂花
學名：*Melissa axillaria*

植物簡介

相對於檸檬香蜂草，檸檬香氣較淡，且葉片較為狹小，呈深綠色。相當能適應台灣之風土，無論是地植或盆栽皆容易栽培。全日照可促進莖葉生長繁茂，入夏前開花。用途與功效同檸檬香蜂草。

葉片與香蜂草略有不同。

台灣香蜂草的檸檬香氣特徵較不明顯。

黃金香蜂草
All Gold Lemon balm

黃金香蜂草具有高度觀賞價值。

別名：金蜂草、黃斑香蜂草
學名：*Melissa officinalis 'All Gold'*

金黃色葉片是最大特徵。

植物簡介

黃金香蜂草的用途大致與香蜂草相同，而金黃色的葉片更具有觀賞價值。主要利用部位是莖葉，直接剪取後泡成茶飲，可以健胃、助消化、抗憂鬱以及改善失眠。據説每天早上喝一杯香蜂草茶可以延年益壽，是極具保健效果的香草植物。修剪後容易再萌生新芽，但成長過程容易曬傷，生長勢也較差。

夏日風輪草
Summer Savory

別名：夏日香薄荷
學名：*Satureja hortensis*
屬性：一年生草本植物
原產地：南歐

植物特徵

葉片為狹長披針形，淺綠色，對生。莖部直立，會木質化。花為白色。全株具有濃郁香氣。風輪草主要分為夏日與冬日兩大品種，夏日風輪草為一年生草本，冬日風輪草則為常綠灌木。

生活應用

夏日風輪草的香氣比百里香更為濃郁，極受歐洲人喜愛，特別適合搭配豆類料理，因此又名「豆的香草」。早在古羅馬時代就與百里香、薄荷及胡椒等一起作為餡料。嫩葉可以修剪下來陰乾乾燥作為香料。但由於氣味強烈，使用不宜過多。

栽種條件

日照環境	全日照
供水排水	不喜潮濕，若是地植必須堆壟
土壤介質	以砂質性壤土較為合適
肥料供應	春秋兩季進行追加氮肥
繁殖方法	播種、扦插
病蟲害防治	會有蚜蟲、紅蜘蛛等蟲害，可用辣椒水或葵無露來加以防治

年中管理

月份	1	2	3	4	5	6	7	8	9	10	11	12
發芽期		●	●	●								
成長期			●	●	●	●				●	●	
開花期												
衰弱期							●	●	●			

夏日風輪草又有「豆的香草」之稱。

冬日風輪草
Winter Savory

別名：冬日香薄荷
學名：*Satureja montana*

植物簡介

冬日風輪草在台灣的成長
較夏日風輪草良好。喜愛
日照充足且排水性佳的環
境，定期修剪可讓植株成
長更茂密。嫩葉具有香辛
味，可用於歐式料理中。
帶花的枝葉可浸泡熱水，
用來蒸臉或洗臉，有收斂
抗菌效果，也可作為抗菌
漱口水。新鮮的枝葉泡茶
飲能促進消化。

冬日風輪草為常綠灌木。

冬日風輪草較夏日風輪菜容易栽培，病蟲害也
比較少。

香草小常識

Q 在台灣好像不容易買到風輪草的盆栽？

有些原生於地中海沿岸的香草，在早期引進台灣時，一來栽培上比較困難，
二來知名度較低，因此種苗業者並不會大量生產於市面上販售。然而對於香
草愛好者而言，它們其實都是很實用的品種。隨著大家對香草植物的熱愛，
相信不久後這些較稀少的植物將會逐漸馴化，容易在市面上看到。

貓穗草
Catnip

別名：荊芥
學名：*Nepeta cataria*
屬性：多年生草本植物
原產地：東亞地區

植物特徵

葉對生，卵狀，葉緣具有粗鋸齒，葉脈明顯。莖分枝多，略呈匍匐性。另外還有葉、花都具有檸檬香氣的檸檬貓穗草（*Nepeta cataria* 'Citriodora'）品種。

生活應用

在嚴寒的冬季，採摘貓穗草的花、葉、莖做成布包，放入浴缸中浸泡，能促進身體發汗並幫助睡眠。茶飲上貓穗草可單獨沖泡成香草茶，能有效預防感冒，或是舒緩感冒的不適。另外在國外也有人少量加入料理中烹調。

貓穗草葉緣有鋸齒。

貓穗草散發貓咪喜愛的氣味，可製成布偶或香包讓愛貓玩耍。

貓穗草的花朵。

貓穗草能預防或紓緩感冒，中藥上稱為「荊介」。

栽種條件

日照環境	全日照，喜愛乾燥場所
供水排水	土壤乾燥後再一次澆透，排水須順暢
土壤介質	一般培養土或壤土皆可
肥料供應	可在入春或入秋之際追加氮肥
繁殖方法	播種、扦插，以扦插為主
病蟲害防治	病蟲害不多，需適時予以摘蕾以促進葉片成長

年中管理

月份	1	2	3	4	5	6	7	8	9	10	11	12
發芽期		●	●									
成長期	●	●	●	●	●	●						●
開花期					●	●				●	●	
衰弱期							●	●	●			

貓薄荷
Catmint

別名：紫花貓草
學名：*Nepeta x faasenii*

植物簡介

貓薄荷的葉片觸感平滑，香氣柔和。將貓薄荷的花、葉、莖修剪下來後，壓花做成卡片或書籤特別顯眼，也可以製成花環或百草香氛盤。

貓薄荷在國外通常在夏、秋之際開花，在台灣則集中於春、夏之際開花。

貓薄荷的葉呈橢圓狀。

貓薄荷具有濃厚的鄉村風印象。

香草小常識

Q 貓穗草和貓薄荷有什麼區別？

常常有同好分不清楚貓穗草和貓薄荷，可以從幾個方面分辨：

	貓穗草	貓薄荷
原產地	東亞地區	地中海沿岸或其他溫帶地區
葉形	卵狀，較為肥大	橢圓狀，較為嬌小
花色	白色或粉紅色	紫色
運用	可運用在茶飲方面	供觀賞，不可食用

紅花益母草
Mother-wort

別名：益母艾、紅花艾
學名：*Leonurus japonicus*
屬性：一至二年生草本植物
原產地：中國大陸及亞洲東南地區

植物特徵

葉對生，葉中含有黏液，上方葉深綠，下部靠近根部的葉淺綠，裂片全緣具鋸齒。花卉呈輪繖花序，從葉腋生長，小花淡紫紅色。

生活應用

全株可作為藥材，以煎服為主，味道微苦。自古以來就是滋養女性生理期及更年期的良方，因此有「紅花益母草」、「益母艾」之名。紅花益母草也可做成純露外用，或是以純露加工製成手工皂，有美容護膚之效。

特殊的花卉成長。

紅花益母草對女性生理機能益處良多。

栽種條件

日照環境	半日照或全日照
供水排水	須充足給水，但不宜積水
土壤介質	以較肥沃的壤土為佳
肥料供應	加入基礎肥後，於春秋兩季追加氮肥
繁殖方法	主要用種子繁殖，容易形成自播
病蟲害防治	病害多見白粉病，蟲害則有蚜蟲等，可用有機法防治

年中管理

月份	1	2	3	4	5	6	7	8	9	10	11	12
發芽期	●	●									●	●
成長期			●	●	●							
開花期					●	●	●	●				
衰弱期								●	●	●		

紅花益母草的淡紫紅色花從葉腋生長。

海索草
Hyssop

別名：牛膝草、神香草、柳薄荷
學名：*Hyssopus officinalis*
屬性：多年生草本植物
原產地：地中海沿岸

植物特徵

葉披針形，對生，全綠，枝葉帶絨毛，莖直挺堅硬且多分枝，並從底基部開始木質化。花朵為輪繖花序，從葉片兩側腋生，通常開紫色花，也有粉紅或白色品種，全草具有芳香。

生活應用

海索草的花和葉片可加入沙拉、湯品、豆類料理食用，也能沖泡成香草茶飲用，有助腸胃蠕動。經蒸餾後可製成精油或香水，運用於芳香療法。

海索草的葉全綠。

海索草自古被當作神聖的香草而加以種植，因此有「神香草」的稱呼。

栽種條件

日照環境	全日照
供水排水	不耐潮濕，梅雨季節根部尤其容易腐爛，排水須良好
土壤介質	一般培養土及沙質性壤土
肥料供應	春秋兩季追加有機氮肥。
繁殖方法	播種、扦插法
病蟲害防治	病蟲害不多，但必須經常修剪以維持通風

年中管理

月份	1	2	3	4	5	6	7	8	9	10	11	12
發芽期			●	●							●	●
成長期	●	●	●	●	●							
開花期				●	●							
衰弱期							●	●	●	●		

圖片提供／張元聰

海索草的紫色花朵。

茴藿香
Anise Hyssop

別名：茴香海索草、大海索草
學名：*Agastache foeniculum*
屬性：多年生草本植物
原產地：北美洲、中美洲

植物特徵

葉片對生，葉緣呈粗鋸齒狀，葉脈深刻，莖直立。花為頂生，穗狀花序。開淡紫色花，是重要的蜜源植物。原產於北美，後來輾轉引進歐洲。

生活應用

茴藿香具有八角的香氣，主要利用部位為葉片，無論是加入沙拉或調理肉類都非常合適，也可泡成香草茶飲用，功效上能夠紓解感冒和咳嗽症狀、促進食慾、改善消化不良。

主要開花期在春夏之際。

茴藿香開花觀賞價值高，也很適合當作庭園植物。

栽種條件

日照環境	日照充足的環境為佳
供水排水	供水正常、排水順暢的環境。
土壤介質	一般培養土及沙質性壤土皆可以栽培。
肥料供應	春秋兩季追加有機氮肥。
繁殖方法	用播種或扦插皆可。
病蟲害防治	春夏之際蟲害較多，可用有機法防治。

年中管理

月份	1	2	3	4	5	6	7	8	9	10	11	12
發芽期	●	●									●	●
成長期			●	●								
開花期				●	●							
衰弱期						●	●	●	●			

茴藿香的氣味近似八角，大多應用於料理。

同屬品種

火鳥茴藿香
Firebird Agastache

別名：火鳥藿香
學名：*Agastache sp. 'Firebird'*

植物簡介

花穗拉長成串，開出紅花而得名。除了具茴藿香本身的香氣，還帶有薄荷味。在台灣幾乎全年開花，且栽培容易，能度過夏季高溫多濕的氣候。美麗的花卉也常作為花藝素材。

火鳥茴藿香的葉片深綠。

火鳥茴藿香栽培非常容易，直接以盆具種植也很合適。

韓國薄荷
Korean Mint

黃色葉片，開粉紅色花朵。

學名：*Agastache rugosa*

植物簡介

葉心形，莖直立。花長穗狀，淡紫紅色。植株除了具有茴藿香特有的香氣，更帶有部分薄荷的氣味，雖有薄荷的名稱，但還是歸納在茴藿香屬。雖然目前市面上較為少見，但運用範圍廣泛。運用上可做料理，有促進食慾及幫助消化的功效。此外也非常適合芳香的用途。

田代氏黃芩
Tashiroi Skullcap

學名：*Scutellaria tashiroi*
屬性：多年生草本植物
原產地：台灣東部地區，為台灣原生種

植物特徵

葉卵狀，對生，葉脈明顯，莖、葉帶有細絨毛。莖初期直立，會逐漸橫向或下垂生長。總狀花序，從葉腋長出成串的淺藍色花。

生活應用

藥用上主要運用根部，如中藥的三黃黃芩湯有降低血壓的功效。成串的紫藍色花煞是美麗，加上開花期長，近年來園藝業者大量栽培，作為盆栽觀賞的用途。

成串的淺藍色花，由葉腋長出。

栽種條件

日照環境	半日照或全日照
供水排水	排水順暢的環境為佳
土壤介質	一般培養土或中性壤土
肥料供應	春秋兩季追加有機氮肥
繁殖方法	以扦插為主
病蟲害防治	病蟲害不多，但必須經常修剪枝條以保持通風

年中管理

月份	1	2	3	4	5	6	7	8	9	10	11	12
發芽期			●	●								
成長期			●	●	●							
開花期				●	●	●	●	●	●	●		
衰弱期	●	●									●	●

黃芩屬約有 300 多個品種，以亞洲分布最廣。田代氏黃芩為日本植物學家田代安定於台灣東部發現，為紀念他而命名。

紅紫蘇
Purple Perilla

別名：赤蘇、紅蘇
學名：*Perilla frutescens*
屬性：一年生草本植物
原產地：東亞

植物特徵

單葉對生，布長柔毛，葉緣具有鋸齒，在莖節部生長較密。莖直立且多分枝。花有紫紅、粉紅及白色，開花期長。種子微小，為棕褐色。

生活應用

主要運用部位是葉片，紫蘇葉具有防腐功能，在炎熱的夏季不僅能保鮮食物（例如用葉將生魚片及飯糰包起），還有去腥解毒的功效。紫蘇籽榨油可以當成天然色素使用。日本人愛好紫蘇，從剛發芽的幼苗就用以搭配生魚片，成葉後則用來作炸物，花穗部分也多作為醃漬時的添加物。

栽種條件

日照環境	全日照或半日照
供水排水	盡量不要讓土壤乾燥，以免植株萎凋
土壤介質	在各種土壤均能正常生長
肥料供應	春、秋兩季追加有機氮肥
繁殖方法	播種、扦插
病蟲害防治	春夏之際蟲害較多，可用有機法防治

年中管理

月份	1	2	3	4	5	6	7	8	9	10	11	12
發芽期			●	●	●							
成長期				●	●	●	●	●	●	●		
開花期									●	●	●	
衰弱期	●	●									●	●

紫蘇的用途廣泛，為食療兼具的絕佳香草植物。

同屬品種

皺葉紅紫蘇
Crisp Purple Perilla

別名：皺葉赤蘇
學名：*Perilla frutescens* 'Crispa'

植物簡介

皺葉紅紫蘇的香氣較濃郁，葉質也稍硬，適合作為醃漬材料，為天然的食物染色劑。紫蘇茶則常被用來緩解感冒症狀。最令人驚豔的是紫蘇醋，顏色美麗又好喝。除了運用於料理，也可製成沐浴包清潔身體，對於蚊蟲咬傷及汗疹所引起的皮膚搔癢具有很好的舒緩功效。

皺葉紅紫蘇的葉。

青紫蘇
Green Perilla

別名：綠紫蘇
學名：*Perilla frutescens* 'Viridis'

植物簡介

青紫蘇的葉。

青紫蘇主要運用於料理，在烹調最後加入少許青紫蘇莖葉，可以去除腥味。青紫蘇具有清毒解熱的功效，日本人喜食生魚片搭配青紫蘇葉，並不只是為了美味，更是為了解魚蟹的毒素。

青紫蘇常在夏秋之際進入開花期。

同屬品種

皺葉青紫蘇
Crisp Green Perilla

別名：皺葉綠紫蘇
學名：*Perilla frutescens* 'Viridis crispa'

植物簡介

皺葉青紫蘇是近年來廣受歡迎並大量栽培的紫蘇品種，用途與功效同青紫蘇，由於葉質細軟、香味清新，所以更容易入口，很適合生吃、拌沙拉或配生魚片食用。

皺葉青紫蘇的葉。

香草小常識

Q 經常看到日本的植物書籍將唇形花科列為紫蘇科，這是什麼原因？

生物學的分類，分為界、門、綱、目、科、屬、種，藉由分類可以明白動植物的由來，了解彼此的關聯。日本人將薰衣草、鼠尾草、迷迭香等唇形花科的植物列為紫蘇科，主要是因為歐美國家以花卉外型來命名，而日本則以香氣特徵來命名，台灣則依歐美國家的標準。

紫蘇帶有濃郁的紫蘇醛香氣，氣味特徵非常明顯，加上紫蘇為日本代表性香草植物，因而在日本自成一科。

蜂香薄荷
Bergamot

別名：麝香薄荷、佛手柑、火炬花
學名：*Monarda didyma*
屬性：多年生草本植物
原產地：北美洲

植物特徵

葉對生，寬葉，披針形，末端收尖，葉緣有鋸齒。莖多分枝，從接近根部處即開始密生。頭狀花序，有紅、粉紅、白色。在國外主要集中在夏季開花，台灣開花較不容易。

生活應用

美洲印地安人很早就開始用葉片來泡茶，葉片也可應用於料理，或是作為沐浴包。泡成茶飲具有提神、殺菌、強身的功效。

在國外香草園中經常可見，可直接生鮮沖泡香草茶。

蜂香薄荷的花朵。

栽種條件

日照環境	全日照
供水排水	喜好濕潤但排水良好的環境
土壤介質	肥沃土壤為佳
肥料供應	春秋兩季進行追加氮肥
繁殖方法	播種、扦插
病蟲害防治	病蟲害不多，但須保持通風順暢

年中管理

月份	1	2	3	4	5	6	7	8	9	10	11	12
發芽期		●	●	●							●	●
成長期	●	●	●	●								
開花期					●	●						
衰弱期							●	●	●	●		

葉片具有類似水果佛手柑的宜人香氣，因此有「佛手柑」別稱。

紫紅鼠尾草
Purple Sage

學名：*Salvia officinalis* 'Purpurea'

植物簡介

紫紅綠的葉片是最大特徵，兼具觀賞與食用價值，香氣較一般鼠尾草清淡，可作為香草束的食材。對於喜愛鼠尾草卻不適應其氣味的人而言，可以選擇香氣較為柔順的紫紅鼠尾草。

紫紅鼠尾草葉色與一般鼠尾草差異較大。

鳳梨鼠尾草
Pineapple Sage

鳳梨鼠尾草的開花性強，會從秋季一直開至夏初。

學名：*Salvia elegans*

植物簡介

葉色鮮綠，具甘甜味，帶有類似鳳梨的香氣，經常被添加在香草茶中。不同於常綠灌木的藥用鼠尾草，鳳梨鼠尾草屬於多年生的草本，木質部位較少。相較其他鼠尾草屬於容易栽培的品種，分枝性強，只要勤加修剪就能成長良好。

開紅色花，穗狀花序。

斑葉鳳梨鼠尾草
Gold Pineapple Sage

別名：黃斑鳳梨鼠尾草
學名：*Salvia elegans* 'Gold'

植物簡介

為原生鳳梨鼠尾草的斑葉品種，香氣相同，葉片亦可沖泡成香草茶。綠葉帶有金黃色彩更增添觀賞價值。花為紅色，花期長。在山地可度過嚴苛的夏季，因此在香草植物主題的休閒農場，經常可見其蹤跡。

斑葉鳳梨鼠尾草具有觀賞與實用價值。

葉片非常亮麗。

巴格旦鼠尾草
Berggarten Sage

10 世紀歐洲的醫學中心地義大利非常推崇藥用鼠尾草，認為是居家庭園必種的香草植物。

學名：*Salvia officinalis* 'Berggarten'

植物簡介

葉片厚，橢圓形，對生。隸屬於藥用鼠尾草。在鼠尾草系列中氣味最為濃郁，適合用於肉類料理的去腥，如塞入火雞內部作為餡料，但是量不宜太多。由於氣味非常濃郁，因此不建議沖泡香草茶飲用。

葉片較一般鼠尾草肥厚。

墨西哥鼠尾草
Mexican Sage

學名：*Salvia leucantha*

植物簡介

葉片狹長鮮綠，白色莖枝，開紫色花，主要開花期為秋季。薰衣草在國外的花期為6～8月，香草觀光花園為了延續紫色花卉的美麗氛圍，大都會在薰衣草周遭種植墨西哥鼠尾草，可以說是秋季香草花園的主角。

狹長的葉片。

墨西哥鼠尾草於秋季開花，接續薰衣草的紫色花卉景觀。

粉萼鼠尾草
Mealy Sage

學名：*Salvia farinacea* Benth.

植物簡介

原產於北美洲，為多年生草本植物。葉卵圓形，有粗鋸齒緣。花頂生，輪繖形花序，外型非常類似薰衣草，花期主要在春到夏季。由於花期長，很適合大面積栽培用來取代薰衣草。繁殖以扦插為主，以中秋節到隔年端午節為合適期。忌諱高溫多濕，尤其是梅雨季要特別注意。

外型近似薰衣草且花期長，適合大面積種植，觀賞紫色花海。

鳳梨鼠尾草美麗的紅色花朵。

Q 鼠尾草入夏後容易枯萎，該怎麼辦？

鼠尾草忌諱高溫多濕，加上尚未完全馴化適應，因此在台灣平地較不容易過夏。建議在中秋節過後購買植株，並且進行換盆。趁冬春之際成長最快時，剪取枝條進行扦插，以增加數量，如果夏季母株枯萎，還能繼續維繫其他植株。這也是一般香草種苗場最常用的方式，更是馴化鼠尾草的好方法。

貓鬚草
Cat's-whiskers

別名：化石草
學名：*Orthosiphon aristatus* Blume
屬性：多年生草本植物
原產地：東南亞、南洋群島、澳洲、印度

植物特徵

葉對生，呈菱形，葉緣帶有鋸齒，兩面被短毛。莖直立且會木質化。花頂生，輪生聚繖花序，花萼鐘型，花冠筒狀，花絲細長彷彿貓的鬍鬚，而有「貓鬚草」之名。主要開白花，另外還有紫花的品種。

生活應用

貓鬚草為著名的藥用植物，藥用煎服具有清毒解熱、利尿、排石等功效。乾燥葉片所泡的茶為常見的保健飲品，歐美國家俗稱為「爪哇茶」（Java Tea）。貓鬚草也兼具觀賞價值，紫花品種由於花朵碩大，顏色特殊，香草花園多以此品種居多。

貓鬚草的葉。

花朵類似貓鬚而得名。

栽種條件

日照環境	全日照，性喜乾燥環境
供水排水	供水正常、排水須順暢
土壤介質	一般培養土或壤土
肥料供應	可在入春或入秋之際追加氮肥
繁殖方法	播種與扦插，以扦插為主
病蟲害防治	病蟲害不多，但須適時摘蕾以延長花期

年中管理

月份	1	2	3	4	5	6	7	8	9	10	11	12
發芽期		●	●									
成長期	●	●	●	●		●	●					●
開花期					●	●				●	●	
衰弱期							●	●	●			

紫花品種。

綠薄荷
Spearmint

學名：*Mentha spicata*
屬性：多年生草本植物
原產地：分布廣泛，主要在亞洲熱帶地區及歐洲南部

植物特徵

葉片對生，表面光滑，邊緣帶有鋸齒。莖為地下走莖（意指莖在地下延伸，於其他地區再發芽長出來），四角狀。開粉紅色花，密繖花序。花期主要集中在春末至秋初。

生活應用

綠薄荷含有清涼口感的薄荷腦成分，非常適合運用於茶飲及點心。芳香上可蒸餾成純露，加入水中當作清潔用水；新鮮薄荷或純露皆可直接加入浴缸泡澡。佈置上可將莖枝剪下插入水瓶，擺設於居家或辦公室。

用途非常廣泛，主要利用部位為葉片（乾燥、生鮮皆可）及嫩枝。

栽種條件

日照環境	半日照或全日照
供水排水	喜愛較潮濕的環境，但排水須順暢
土壤介質	一般培養土或壤土
肥料供應	入春或入秋前追加有機氮肥
繁殖方法	播種、扦插、壓條、分株
病蟲害防治	春夏之際，特別在梅雨季節病蟲害較多，可用有機法防治

年中管理

月份	1	2	3	4	5	6	7	8	9	10	11	12
發芽期			●	●	●							
成長期			●	●	●	●	●	●	●	●		
開花期					●	●	●	●				
衰弱期	●	●									●	●

綠薄荷可說是薄荷的基本款，國外以栽種此品種為主。

銀薄荷
Silver Mint

學名：*Mentha longifolia*

植物簡介

銀薄荷表面布
銀白色絨毛，葉
色特殊，氣味芳
香溫和，所以非常討
喜。栽種上也容易，特
別是在每年春季，地植的銀薄荷會形成走莖
現象，繁殖法包括扦插、播種、壓條與分
株。植株較大型，露地栽種最好保持株間約
50公分的距離，並單獨栽種為一區。

銀薄荷的葉片非常亮麗。

香草小常識

Q 聽說薄荷非常好種，
是入門款香草？

薄荷是很適合初學者栽種的香草植
物，而且種類有很多，首先可選擇
自己喜歡的品種，從春天開始購買
幼苗，進行換盆，然後以扦插、壓
條、分株加以繁殖；夏季成長狀況
稍差且有蟲害，可用有機法加以防
治；秋季成長良好，至冬季根部以
上的葉片會枯萎，但不用擔心，到
了春天自然又會長出新葉了。

薄荷好栽種，容易生長，為入門款香草植物。

皺葉綠薄荷
Curled Spearmint

別名：荷蘭薄荷
學名：*Mentha spicata* 'Crispa'

植物簡介

皺葉綠薄荷是目前台灣最常見到的薄荷，因為葉片大，生性強健，容易栽培。台灣有金黃色葉片的變種，非常美麗，在冬天溫度低時，黃葉的色澤會更加亮麗。

金黃色的變種又稱為「黃金薄荷」，亮眼的金黃葉片相當討喜。

皺葉綠薄荷為目前台灣最常見的品種。

日本薄荷
Japanese Mint

學名：*Mentha arvensis piperascens*

植物簡介

在北海道的北見地區有大量栽種，而且還成立博物館，為當地創造許多收益。日據時代引進台灣作經濟作物種植，並為光復後的台灣賺取許多外匯。

日本薄荷先端略尖，長橢圓形狀。

早期的薄荷雞中會加入此種薄荷，是很著名的鄉土料理。但由於薄荷腦成分較高，較不適合做料理或茶飲，比較適合蒸餾成精油後加以使用。

日本薄荷適合蒸餾成精油後使用。

同屬品種

中國薄荷
Field Mint

學名：*Mentha haplocalyx*

植物簡介

傳統中藥藥材，主要使用乾
燥後的葉片。民間熬煮青草
茶多使用此品種，有提振精
神、促進消化的作用。
蒸餾的精油可添加
在藥膏中，對風濕
痛及神經痛具有
功效。

除了在中國大陸南方自
成野生態型，在台灣田
間也有大量栽培。

葉色淺綠，表面
布有絨毛。

中國薄荷屬於較大型的成長態勢品種。

英國薄荷
English Mint

學名：*Mentha x spicata* cv.

植物簡介

香氣宜人，薄荷腦成分不高，
很適合用來沖泡茶飲。薄荷在
春季成長最好，其次為秋季，
夏季與冬季成長則相對緩慢。
秋末雖然接近冬季，然而此時
的薄荷香氣最為飽和香甜，最
適合沖泡香草茶。特別是在午餐後，來杯齒葉薰衣
草、百里香與英國薄荷的複合香草茶，幫助消化同
時，還可預防季節變化時容易罹患的感冒。

英國薄荷適合直接以生鮮葉片沖泡香草茶。

越南薄荷
Vietnamese Mint

學名：*Mentha x gracilis*

植物簡介

為越南的特殊品種，有強
烈的薄荷香味。越南人在
泡茶、做甜點及炒雞肉料
理時偏好使用，當地人認
為唯有此品種才能做出道
地的越南料理。栽培上，
越南薄荷非常適合熱帶高

主產於越南的薄荷品種。

溫多濕的氣候。薄荷隨著品種而在栽種環境及照顧
上有部分差異。但基本上都是喜好日照充足且較為
潮濕的環境。

圖片提供／尤家雄

花卉為腋生。

瑞士薄荷
Swiss Mint

學名：*Mentha x piperita* 'Swiss'

植物簡介

在眾多的薄荷品種中，瑞士薄荷最
適合用來做茶飲，特別是以生鮮的
枝葉加以沖泡，口感清涼通順，可
以單泡，也能搭配薰衣草、百里
香、德國洋甘菊一起沖泡，都非常
對味。瑞士薄荷在春秋兩季成長非
常快速，冬天成長則較緩慢，而且
地上葉會有枯萎現象，此時繼續正
常供水，到了春季就會恢復生機。

瑞士薄荷是目前台灣香草愛好者栽種最多
的薄荷品種。

瑞士薄荷開花主
要集中在夏季。

奧地利薄荷
Austrian Mint

學名：*Mentha x gracilis*

植物簡介

外型及風味較接近綠薄
荷，葉面有細柔毛，口
感及香味較溫和。歐洲
地區偏好使用此品種，
大多搭配馬鈴薯及乾乳
酪烹調出當地特有風味
的料理。

葉片帶有細絨毛。

在台灣的春季成長非常快速。

香草小常識

Q　薄荷的品種似乎比其他香草植物還多？

薄荷的毛茸莖葉。

薄荷在西元18世紀時，就開始在歐洲被
大量栽培，其中又以英國的栽培範圍最
大，後來19世紀又移轉到美洲地區及
世界各地。光是原生種就有600多種，
而衍生品種（即雜交品種）則高達2000
多種。薄荷之所以是品種最多的香草植
物，在於雜交性高，雜交出來的品種甚
至還具有類似水果的香氣，非常特別，
吸引許多人喜愛。

同屬品種

蘇格蘭薄荷
Scotch spearmint

學名：*Mentha gracilis*

植物簡介

植株較大型健壯，成長速度快，開花性
強。在國外是廚房料理使用的主要品
種，特別是以製作薄荷醬料而著名。此
外，口香糖亦是以薄荷精油為材料，據
資料顯示，蘇格蘭薄荷是美國工業化提
煉薄荷精油所採用的主流品種。

蘇格蘭薄荷植株較為碩大。

香草小常識

Q 春夏之際部分香草經常會有蟲害，
應如何加以防治？

在家庭園藝方面，可使
用自製的葵無露，能有
效防治介殼蟲、紅蜘蛛
及蚜蟲等，既經濟又方
便。

材料：植物油（葵花油最合適）5cc、洗碗精（無
患子為合適）0.5cc、清水100cc

作法：將植物油、洗碗精與清水調合，使用前再稀
釋到1000cc。有效期限約1個月左右，建議盡量早
點使用完。

同屬品種

柳橙薄荷
Orange Mint

學名：*Mentha aquatic 'Citrata'*

植物簡介

全株具有柳橙的香氣，可製成茶飲、甜點及果汁。薄荷除了能健胃、促進食慾、解熱外，水果香氣的薄荷味道還有安神效用。

具有柳橙香氣的葉片，是最大的特色。

水果香氣的柳橙薄荷非常適合春季成長。

香草小常識

 具有特殊水果香氣的薄荷如何命名？
台灣目前栽種薄荷的情形如何？

水果系列的薄荷種類很多，主要的命名方式，除了依照薄荷本身薄荷腦成分外，也依據其所含的類似水果香氣的化學成分香。國外有專門研究薄荷的植物園，國內的主要研究機構，則以台東農業改良場最為專精，收集的品種也最多。

香蕉薄荷
Banana Mint

學名：*Mentha x arvensis 'Banana'*

植物簡介

屬於較少見而特別的薄荷品種。植株較為矮化，葉片有絨毛，具有淡淡的香蕉氣味。

圖片提供／孫碧聰

香蕉薄荷葉片偏黃色系。

香蕉薄荷較為低矮，呈匍匐性生長。

胡椒薄荷
Peppermint

學名：*Mentha x piperita*

植物簡介

在眾多的薄荷品種中，除了綠薄荷外，胡椒薄荷也是薄荷的基本款。屬名 Mentha 為羅馬神話裡的妖精，種小名 piperita 則是因為葉片具有類似胡椒的刺激味而得名。很多薄荷是透過綠薄荷與胡椒薄荷雜交而成的品種，如瑞士薄荷、葡萄柚薄荷、巧克力薄荷等。

胡椒薄荷栽種於世界各地，極為常見。

具有類似胡椒的刺激香氣。

同屬品種

斑葉胡椒薄荷
Variegated Peppermint

學名：*Mentha x piperita 'Variegata'*

植物簡介

斑葉胡椒薄荷由於葉色
特殊，除了泡成茶飲，
還兼具觀賞價值。

葉片具有斑葉的特徵。

斑葉胡椒薄荷為胡椒薄荷的近緣品種。

巧克力薄荷
Chocolate Mint

別名：水薄荷
學名：*Mentha x piperita 'Chocolate'*

植物簡介

有趣討喜的名稱常吸引人們購買。之所以叫作
「巧克力薄荷」，並不是因為具有巧克力香氣，
而是因為莖與葉脈呈現深褐色，類似巧克力色而
得名。芳香宜人，口感較清涼，適合生食使用。
側芽較少，葉子較寬，隸屬於
胡椒薄荷系列。栽種非常容
易，是很適合給小朋友栽
種的薄荷品種。

巧克力薄荷相當
受到小朋友喜愛。

巧克力薄荷也是胡椒薄荷的近緣品種。

同屬品種

普列薄荷
Pannyroyal

學名：*Mentha pulegium*

植物簡介

普列薄荷具匍匐性，氣味強
烈，國外種植普遍，經常栽
種於房屋周圍或是車庫當作
草坪，芳香美觀又可驅蟲。
普列薄荷的薄荷腦成分高，
因此甚少加入料理或茶飲
中，主要用以提煉精油，是
防蚊液的重要成分，同時也
可以驅除跳蚤和螞蟻。

由於具有強勢匍匐性，
因此可當草坪使用。

具有強烈的清涼芳香。

萊姆薄荷
Lime Mint

學名：*Mentha aquatic 'Lime'*

植物簡介

葉片較大，有很濃的萊姆味
道，可代替萊姆加入果汁，
也可直接生食葉片。

葉片呈橢圓形。

萊姆薄荷開花期主要在夏季，除了冬季成
長較差，其他三季成長為佳。

鳳梨薄荷
Pineapple Mint

別名：斑葉鳳梨薄荷
學名：*Mentha suaveolen 'Variegata'*

葉片帶有白邊。

植物簡介

在眾多的薄荷品種中，以鳳梨薄荷葉的顏色最為獨特，也相當討喜。雖然具有類似鳳梨的香氣，但直接生鮮沖泡成茶飲的口感並不好，因此主要是作為園藝造景，也可以乾燥後做成百草香氛盤，置放於室內。在栽培上較一般薄荷難照顧，特別是在冬季，地上葉莖經常會枯萎，但還是可以繼續供水，待春季來臨就會再重新成長。

葉色獨特，適合運用於佈置與芳香用途。

香草小常識

 為什麼薄荷不適合與其他植物合植？

薄荷由於會進行地下走莖，因此比較不適合與其他香草植物合植。此外薄荷雜交性強，為了維持原來的品種香氣，最好避免將不同品種的薄荷種在一起，以防止開花後種子的雜交。

蘋果薄荷
Apple Mint

學名：*Mentha suaveolens*

葉緣齒狀，被有柔毛，全株散發蘋果的香氣。近年來風行的園藝療法，主要是藉由嗅聞植物香氣，產生愉悅的心情，進而促進身心平衡，而達到療養的目的，在以薄荷為主題的香草園中，蘋果薄荷可説是最適合的品種。

蘋果薄荷是水果系列薄荷的代表品種。葉片具有蘋果香氣。

葡萄柚薄荷
Grapefruit Mint

學名：*Mentha x piperita* 'Grape fruit'

葉緣帶有短鋸齒。

植物簡介

具有濃郁的葡萄柚味道。葉對生，表面光滑，葉緣有鋸齒。莖直立，是所有薄荷中直立性狀態最佳的品種。

葡萄柚薄荷的葉片較大型。

圖片提供／張育耘

葡萄柚薄荷具有特殊水果香氣。

茱麗亞甜薄荷
Julia's Sweet Citrus Mint

學名：*Mentha sp.* 'Julia's Sweet Citrus'

植物簡介

葉對生，卵圓形。莖直立或呈
匍匐性。唇形花，花為白色。
植株除了具有薄荷的香氣，更
帶有甘甜的氣味，在薄荷眾多
品種中相當受到歡迎。用途上
可沖泡香草茶、做成純露、加
入沐浴包中等，氣味芬芳，有
清涼消暑的功效。

葉片具有甘甜
的氣味。

茱麗亞甜薄荷在眾多薄荷品種中香氣別具一格。

羅馬薄荷
Roman mint

學名：*Micromeria thymifolia*
屬性：多年生草本植物
原產地：歐洲、北美及亞洲西部地區

植物特徵

葉卵形，葉片較小。莖直立，花莖密布成串小花。外型與香氣接近薄荷，但彼此同科不同屬。相對薄荷，羅馬薄荷的開花性和耐旱性較強。

生活應用

早在羅馬時代即被人們廣泛運用，適合地中海型氣候，但適應力強，在台灣亦成長良好。雖非薄荷屬，但使用方法與薄荷接近，在國外相當受歡迎。沖泡香草茶可提振精神，特別是土耳其人總會在飯後喝上一杯來幫助消化。

葉卵形。

栽種條件

日照環境	半日照或全日照
供水排水	喜愛潮濕環境，但排水須順暢
土壤介質	一般培養土或壤土
肥料供應	入春或入秋前施加有機氮肥
繁殖方法	播種、扦插，以扦插為主
病蟲害防治	春夏之際，特別是梅雨季節病蟲害較多，可用有機法防治

年中管理

月份	1	2	3	4	5	6	7	8	9	10	11	12
發芽期			●	●	●							
成長期			●	●	●	●	●	●	●			
開花期						●	●	●				
衰弱期	●	●									●	●

羅馬薄荷外型類似一般薄荷屬。

同 屬 品 種

牙買加薄荷
Jamaican mint

學名：*Micromeria viminea*

植物簡介

主要栽培於牙買加而得名。
葉片成長快速且茂盛密集，
因此必須經常加以修剪，以
幫助通風及再分枝。同樣具
有類似薄荷的香氣，牙買加
當地人主要利用葉片及嫩枝
泡成茶飲以提振精神，並可
舒緩胃潰瘍的疼痛。

葉片較小，成長密集。　　　　主要利用葉片及嫩枝。

香草小常識

Q 許多品種雖有「薄荷」的名稱，
實際上卻非隸屬於薄荷屬，其原因為何？

許多名為「薄荷」的植物並不是真正的
薄荷，這是因為植物分類是以花的構造
為主要依據，在分類上不屬於薄荷屬的
植物因為有和薄荷一樣類似的香氣，所
以名字中也有「薄荷」。因此我們在識
別時，一定要以拉丁學名作為識別。才
不會加以混淆，這的確是薄荷類在分類
上極其特殊的現象。

狹葉薰衣草
Common Lavender

別名：真薰衣草
學名：*Lavendula angustifolia*
屬性：常綠灌木
原產地：地中海沿岸

植物特徵

葉形狹長，表面光滑，對生。花為穗狀頂生，唇狀的小花密生，除了常見的紫色花，依不同品種還有粉紅、白、黃等花色。

生活應用

用途相當廣泛，主要是採收花、葉、莖的部位進行蒸餾，做成精油，然後再衍生製成肥皂、洗髮精、沐浴乳等沐浴用品。芳香方面，生鮮的薰衣草可以做成薰衣草花棒，置放於衣櫥內，用來防止蟲害。也可以直接做成沐浴包放入浴缸，泡澡舒緩身心。泡成香草茶飲，於飯後或睡前飲用，能有效放鬆心情、幫助睡眠。

在國外開花期主要為 6～8 月，國內則提早到 3～6 月。

栽種條件

日照環境	春、秋、冬季全日照，夏季半日照
供水排水	等土壤乾燥再一次澆透，排水須良好
土壤介質	富含石灰質的土壤成長較好
肥料供應	春秋兩季追加氮肥，入春開花期前則添加海鳥磷肥
繁殖方法	播種、扦插，以扦插為主
病蟲害防治	病蟲害不多，主要忌諱高溫多濕的夏季，入夏前進行強剪以維持通風

年中管理

月份	1	2	3	4	5	6	7	8	9	10	11	12
發芽期		●	●								●	●
成長期	●	●	●	●	●	●				●	●	●
開花期			●	●	●	●						
衰弱期							●	●	●	●		

薰衣草為香草植物的代表性品種。

Q 薰衣草有哪些品系呢？

薰衣草原產於歐洲地中海沿岸，目前世界的主要產地包括法國南部普羅旺斯、西班牙、英國、紐澳、日本北海道、中國大陸新疆等地，約有40個原種，衍生品種則高達數百種。目前台灣約有20餘種左右。

薰衣草的差異主要在於葉形及花色，葉形主要分為狹葉、寬葉、羽葉、齒葉及雜交品種；花色有濃紫、淡紫、粉紅等花色，可分為5大品系：

棉毛薰衣草

西班牙薰衣草

齒葉薰衣草

羽葉薰衣草

1. 真薰衣草品系（*Lavendula*）

特徵：葉片狹長，葉緣略反捲，密布細絨毛，呈灰白色。

狹葉薰衣草品種：如藍河薰衣草（*Lavendula angustifolia* 'Blue River'）

棉毛薰衣草品種：如棉毛薰衣草（*Lavandula lanata*）

寬葉薰衣草品種：如寬葉薰衣草（*Lavandula latifolia*）

2. 法國品系（*Stoechas*）

特徵：葉片略帶狹長橢圓，長出像兔耳朵般的花卉。

代表品種如西班牙薰衣草（*Lavandula stoechas*）等

3. 羽葉品系（*Pterostoechas*）

特徵：葉片深裂，彷如羽毛般，為純觀賞品種。

代表品種如羽葉薰衣草（*Lavandula pinnata*）等。

4. 齒葉品系（*Dentata*）

特徵：葉緣部分帶有鋸齒，在台灣栽種開花性強。

代表品種如齒葉薰衣草（*Lavandula dentata*）等。

5. 雜交品系（*Hybrids*）

特徵：主要為狹葉薰衣草與齒葉薰衣草，或是寬葉薰衣草與齒葉薰衣草雜交而來，另外也有是狹葉薰衣草與寬葉薰衣草的雜交品種。

代表品種有紫色印記薰衣草（*Lavandula x intermedia* 'Impress purple'）、普羅旺斯薰衣草（*Lavandula x intermedia* 'Provence'）、灰姑娘薰衣草（*Lavendula x intermedia* 'Gray Lady'）、甜薰衣草（*Lavandula heterophylla*）、德瑞克薰衣草（*Lavandula x allardii* 'Devantville'）等。

德瑞克薰衣草

羽葉薰衣草
Pinnate Lavender

學名：*Lavandula pinnata*

植物簡介

原生於加那利群島，被引進台灣之後，由於美麗的紫色花卉及常年開花性，一時之間被廣為搶購，形成一股熱潮。然而因為所含有的樟腦（comphor）成分較高，並不適合加入茶飲或甜點之中，主要作為純觀賞性的薰衣草。

羽葉薰衣草耐寒性低，相對耐暑性強，因此較能度過台灣的溽暑。

經過種苗業者大量繁殖，目前為台灣最常見的薰衣草品種。

香草小常識

Q 薰衣草經常難以度夏，有什麼栽種祕訣嗎？

入夏後由於高溫多濕，又有颱風肆虐，此時應該進行強剪，使其順利過夏。台灣平地的薰衣草，特別是盆植者經常會在夏季枯萎，此時容易會令人有挫折感，但只要在端午節之前剪取枝條進行扦插繁殖，則可持續種植。

齒葉薰衣草
Dentata Lavender

學名：*Lavandula dentata*

植物簡介

開花性強，主要開花期集中在
每年3～5月，但直到春末或夏
初都還可以開花。為香草茶飲
的基本款，能搭配其他香草一
起沖泡複合香草茶，例如搭配
薄荷、百里香與德國洋甘菊，
香氣高雅，有助放鬆心情；也
很適合搭配檸檬系香草如檸檬
香茅、檸檬香蜂草。

葉片具有鋸齒狀為主要的特徵。

耐寒性不高，相對耐暑性強，可作為
薰衣草栽培的入門款。

棉毛薰衣草
Woolly Lavender

香氣濃郁，適合運用於生活。

學名：*Lavandula lanata*

植物簡介

棉毛薰衣草屬真薰衣草品系。灰白色
的葉類似棉毛，為主要的觀賞重點。
除了觀賞外，也可使用於茶飲、芳香
與佈置方面。

甜薰衣草
Sweet Lavender

學名：*Lavandula x heterophylla*

植物簡介

甜薰衣草大約與羽葉薰衣草及齒葉薰衣草同時期引進台灣，此三者經過多年的馴化，已經逐漸適應台灣高溫多濕的夏季。甜薰衣草經由毒物報告分析，並不具有對人類有害的成分，因此茶飲除了添加齒葉薰衣草，甜薰衣草也是不錯的選擇。齒葉薰衣草比較清香，甜薰衣草則比較濃郁。

甜薰衣草的葉與花。

甜薰衣草目前在台灣栽培的開花性強。

紫色印記薰衣草
Impress purple Lavander

別名：大薰衣草
學名：*Lavandula x intermedia 'Impress purple'*

植物簡介

為狹葉薰衣草與寬葉薰衣草的雜交品種，香味濃郁，花深紫色。在台灣馴化非常成功，近年來已能適應高溫多濕的氣候，度過溽暑。除了可泡茶飲，由於紫色花多，相當美麗，非常適合大面積地植觀賞。

盆植之外，地植也可以成長良好。

葉片香氣濃郁。

德瑞克薰衣草
Devantville Lavender

別名：大甜薰衣草、德克斯特薰衣草、阿拉第薰衣草
學名：*Lavandula x allardii 'Devantville'*

植物簡介

外型與甜薰衣草相當類似，兩者經常會混淆，相較之下德瑞克薰衣草的葉片較大且呈灰綠色。在台灣不易開花。建議可在中秋節過後直接購買德瑞克薰衣草5吋盆，經過一週再進行換盆。生命力強，除了夏季要遮蔭及避免高溫多濕，其他季節都可以成長很好。

德瑞克薰衣草是狹葉薰衣草與齒葉薰衣草的雜交品種，外型相近的甜薰衣草，則是寬葉薰衣草與齒葉薰衣草的雜交品種。

新鮮枝葉能泡成香草茶飲用，也能放入沐浴包中泡澡，放鬆身心靈。

強壯而耐旱，在台灣成長良好。

藍河薰衣草
Blue River Lavender

學名：*Lavandula angustifolia 'Blue River'*

植物簡介

屬於狹葉薰衣草的種類，葉形與狹葉薰衣草相同，但花色較藍，花序短，頂端呈圓頭狀。花期較短，冬季若沒有達到一定低溫，春季較不容易開花。運用方面主要以茶飲及芳香為主。

葉線形狹長。

同屬品種

灰姑娘薰衣草
Gray Lady Lavender

學名：*Lavendula intermedia* 'Gray Lady'

植物簡介

為狹葉薰衣草與寬葉薰衣草的雜交品種，葉形與香氣似狹葉薰衣草，葉色接近灰色。已漸適應台灣高溫多濕的夏季。主要在3～6月開花，花期長，開紫色花，非常美麗。運用方面同狹葉薰衣草。

葉形較接近狹葉薰衣草。

薰衣草適合地植於排水良好的環境。

普羅旺斯薰衣草
Provence Lavender

學名：*Lavandula x intermedia* 'Provence'

植物簡介

屬於大薰衣草Lavandin的雜交品種。葉片肥大類似寬葉薰衣草，香氣濃郁，相當適合蒸餾成精油。在台灣平地開花性不強，然而由於雜交品系顯然有經過特別馴化，環境適應力強，因此對於栽種薰衣草有挫折感的愛好者而言，是可以再加以嘗試的品種。

普羅旺斯薰衣草適合各種土壤，地植會比盆植生長更加旺盛。

葉片香氣濃郁。

同屬品種

西班牙薰衣草
Spanish Lavender

別名：法國薰衣草
學名：*Lavendula stoechas*

植物簡介

葉片與狹葉薰衣草相似，但花型相當特殊，寬大的苞片，中間帶有毛絮。花序末端的苞片類似兔耳朵，主要是因為苞片特化的結果。花朵經常被作成乾燥花、壓花。

花序末端的苞片類似兔耳朵，為此品種最大特徵。

目前由於園藝業者馴化相當成功，從春季到夏初都可在各大花市看到，儼然成為薰衣草的主流品種。

蕾絲薰衣草
Dentelle Lavender

葉片銀白，相當醒目，是薰衣草愛好者不可錯過的品種。

學名：*Lavendula angustifolia* 'Dentelle'

植物簡介

屬於狹葉薰衣草的一個品種，由於葉片類似蕾絲，因而得名。在台灣還是屬於比較新的薰衣草品種，馴化尚未完全，因此忌諱炎熱且潮濕的夏季，且開花性不強。在國外是在春末夏初，開出濃紫色的花朵。應用方面，同樣也可以運用在茶飲、芳香與佈置上。

甜羅勒
Sweet Basil

別名：西洋九層塔、目箒
學名：*Ocimum basilicum* 'Sweet Salad'
屬性：一年生草本植物
原產地：原產於南亞、中東、伊朗等地區

植物特徵

卵狀綠葉，帶有少許的鋸齒，葉面光滑，全株具有強烈的香氣。莖直立且多分枝。約在夏、秋之際開花。花卉成穗狀花序，花卉白色，種子黑色且細小。

生活應用

甜羅勒是最廣泛運用於料理的香草植物，歐式、中式料理都可以添加使用，並且為義大利及法式料理不可或缺的食材，是沙拉及義大利麵的主要材料。甜羅勒與肉類、魚類非常對味，烹調時可將甜羅勒與蒜頭、橄欖油一同拌炒，如果搭配番茄、起司效果更好。

葉片具有濃郁香氣。

在台灣栽培夏秋之際會密集開花，入冬後植株會顯得衰弱，甚至枯萎。

栽種條件

日照環境	半日照或全日照
供水排水	土壤即將乾燥時再供水，排水須順暢
土壤介質	一般培養土或壤土
肥料供應	於換盆或地植時施加有機氮肥
繁殖方法	播種、扦插
病蟲害防治	病蟲害較多，可用有機法防治

年中管理

月份	1	2	3	4	5	6	7	8	9	10	11	12
發芽期			●	●	●							
成長期			●	●	●	●	●	●	●	●		
開花期						●	●	●	●	●		
衰弱期	●	●									●	●

甜羅勒具有提振食慾與舒緩腹痛的作用，在古希臘有「藥草之王」稱呼，羅馬時代則作為驅魔避邪的主要植物。

同屬品種

肉桂羅勒
Cinnamon Basil

別名：桂皮羅勒
學名：*Ocimum basilicum* 'Cinnamon'

植物簡介

植株較高，莖為紅紫色，開紫色花。具有肉桂香味，非常適合加入酒、茶及水果食品，或是代替肉桂添加於飲料中。精油有驅蚊效果。羅勒的繁殖以播種為主，播種約3～7日萌芽。成長後的羅勒植株自然分枝成叢生狀，如以生產葉片鮮食為主，則須進行摘芯作業，以促進分枝並增加收穫量。

植株葉、莖、花部具有濃郁肉桂香氣。

萊姆羅勒
Lime Basil

萊姆羅勒適合盆植，並可經常摘芯加以運用。

學名：*Ocimum americanum* 'Lime'

植物簡介

羅勒屬植物大約有60多個品種。萊姆羅勒算是比較特殊的品種，除了具羅勒氣味，還帶有萊姆香氣，可加入料理中提味。

檸檬羅勒
Lemon Basil

學名：*Ocimum americanum* 'Lemon'

植物簡介

葉為淡綠色，花白色。由於開花性強，必須經常進行摘芯與摘蕾，以產生更多側芽。葉片具有檸檬香氣，適合泡成茶飲，或是搭配魚、雞肉及沙拉食用。另外，檸檬羅勒與瑞士薄荷、甜菊一起食用，會有類似薄荷口香糖的口感，相當有趣。

檸檬羅勒具有檸檬香氣，與其他檸檬系列香草同樣特別受到女生歡迎。

泰國羅勒
Thai Basil

學名：*Ocimum basilicum* var. 'thyrsiflora'

植物簡介

原產於熱帶亞洲。紫莖，卵圓形綠葉，有少許絨毛。泰國羅勒與台灣九層塔的味道口感相當接近。雖然泰國羅勒主產於泰國，但國內泰式料理經常以一般九層塔取代。新鮮葉片適合作沙拉及冷盤料理，在花園中也是極佳的觀賞植物。

圖片提供／張元聰

在東南亞國家，喜愛以泰國羅勒作為香料使用。

紫紅羅勒
Dark Opal Basil

學名：*Ocimum basilicum* 'Dark Opal'

植物簡介

葉色鮮豔並具有丁香
味，可以生食及作為
盤飾使用。紫紅羅勒
成長速度較為緩慢，
照顧不易，春夏之際
特別容易有蟲害，要
以有機法加以防治。

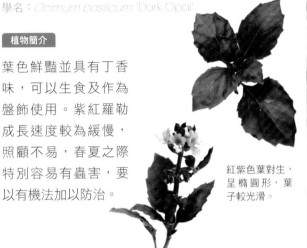

紅紫色葉對生，
呈橢圓形，葉
子較光滑。

圖片提供／張元聰

紫紅羅勒具有丁香味。

紫梗羅勒
Taiwan Basil

別名：紅莖九層塔　淡紫色花，著生於莖頂。
學名：*Ocimum basilicum*

植物簡介

台灣九層塔分成綠莖與紅莖兩
種，主要為紅莖，又名紫梗羅
勒。原產於印度，引進中國後被
大量栽培並運用。葉形較小，葉
端較尖，全株具有濃郁的香氣，
是台灣耳熟能詳且廣泛運用的香
草植物。

九層塔在台灣是大家耳熟能詳的料理用香草植物。

同屬品種

聖羅勒
Holy Basil

別名：神羅勒
學名：*Ocimum tenuiflorum*

植物簡介

味道與香氣比其他羅勒更顯得濃郁，葉片也較大。方形莖桿，葉片對生，花序為頂生總狀花序。在印度傳統醫學中是很重要神聖的藥草，用來調整體質。也可做菜，味道略微辛辣。為泰國菜常用的羅勒品種之一。

圖片提供／張元聰

聖羅勒散列於花莖上的小花。

聖羅勒的香氣較濃郁，葉片也較大。

香草小常識

Q 台灣的九層塔也是羅勒的品種之一嗎？

是的。台灣的九層塔是屬於羅勒屬，是中國南方與台灣經常使用的品種。經常可在台灣的夜市或菜攤上看到。甜羅勒引進台灣初期，還有「西方九層塔」的別名，九層塔可說是台灣民眾最為熟悉的香草植物。

羅勒的花序呈穗狀排列，類似九層的塔寺，而有「九層塔」之名稱。

栀子花
Cape jasmine

別名：玉堂春
學名：*Gardenia jasminoides*
屬性：常綠灌木
原產地：中國大陸及東亞等地區

植物特徵

葉對生或輪生，呈長橢圓形，葉面有光澤。莖直立或橫向發展，會木質化。花腋生，開白花。分為單瓣與重瓣的品種。花期較短，集中在初夏。果實為長橢圓狀。在台灣無論平地或是山區，都能成長很好。

螺旋狀淡綠色的花苞。

生活應用

花朵可以食用，無論是加入沙拉或做成油炸天婦羅都相當美味。沖泡成香草茶則有清熱利尿，涼血解毒的功效。花朵也可放在醋中浸漬，製做香草醋。由於花期較短，應用時最好趁含苞尚未完全綻放時採摘，若全開，花瓣會變黑且香氣較淡。

栀子花的葉。

淨白的栀子花於春夏之交綻放，具有類似茉莉的香氣。

栽種條件

日照環境	半日照或全日照
供水排水	土壤即將乾燥時供水，排水盡量順暢
土壤介質	一般壤土或培養土皆可
肥料供應	可於開花期前追加海鳥磷肥，以促進開花
繁殖方法	扦插為主
病蟲害防治	病蟲害不多

年中管理

月份	1	2	3	4	5	6	7	8	9	10	11	12
發芽期			●	●	●							
成長期			●	●	●	●	●	●	●	●		
開花期				●	●	●						
衰弱期	●	●										●

澳洲茶樹
Tea tree

別名：茶香白千層
學名：*Melaleuca alternifolia*
屬性：常綠喬木
原產地：澳洲

植物特徵

葉片細長呈線形，淺綠色。枝幹直立，呈木質化，株高最高可達10～15公尺左右。乳白色的花朵，密生成穗狀花序，由於環境影響等因素，須成長到大型植株才會開花。

生活應用

澳洲茶樹利用部位為葉片，生鮮葉片適合做成沐浴包。葉片所提煉出的精油，具有良好的殺菌效果，能夠抗氧化、驅蟲，並且對皮膚病、燒傷、燙傷等具有療效，被廣泛地應用於牙膏、化妝品、洗髮精、肥皂等日常生活用品。

纖細的葉具有香氣。

在台灣開花期主要在每年的3、4月春季。

澳洲茶樹適合地植栽培。

栽種條件

日照環境	全日照
供水排水	排水要順暢，喜略為潮濕的環境
土壤介質	一般壤土即可
肥料供應	地植為主，可在定植時施加基礎氮肥
繁殖方法	播種、扦插
病蟲害防治	病蟲害較少，但必須注意通風

年中管理

月份	1	2	3	4	5	6	7	8	9	10	11	12
發芽期	●	●									●	●
成長期	●	●	●	●	●	●					●	●
開花期			●	●								
衰弱期												

白千層
Cajuput Tree

別名：脫皮樹、白瓶刷子樹
學名：*Melaleuca leucadendra*

植物簡介

常綠喬木，葉互生，披針形。樹幹通直，樹皮為淡褐色，帶有海綿質的薄層，容易剝離。花白色，密集排列呈穗狀花序。在台灣被廣泛種植為庭園綠蔭樹、行道樹或防風樹。樹皮可煎煮供藥用，具有強勁的殺菌作用。枝葉含芳香精油可提煉作為防腐劑。

緊密排列的小花就像是一支白刷子。

搓揉白千層的葉子，會散發出近似番石榴的香氣。

白千層在台灣街道及公園很常見。

層次分明的樹皮，鬆軟易剝落。

香草小常識

Q 澳洲茶樹與一般喝的紅茶、綠茶、烏龍茶的茶樹有關係嗎？

兩者不同。紅茶、綠茶、烏龍茶皆屬於山茶科，而澳洲茶樹屬桃金孃科，因此為了區別，特別添加原產地「澳洲」兩字。不同於茶樹主要作為茶飲，澳洲茶樹的用途在於萃取精油。

澳洲茶樹雖名茶樹，但與紅茶、綠茶等樹種並不同科，差異頗大。

松紅梅
Manuka

別名：馬奴卡、紐西蘭茶樹
學名：*Leptospermum scoparium*
屬性：常綠小灌木
原產地：澳洲、紐西蘭等地

植物特徵

葉對生，卵形或披針形，葉片先端漸尖，表面帶有光澤的綠色，有時為褐色，無葉柄。由於隸屬於灌木，莖會木質化。花紅色、粉紅色或白色，腋生，少數長於頂生的短側枝上。

生活應用

花卉盛開期剛好在農曆春節左右，因此常作為年節切花裝飾，帶出喜慶氣氛。全株氣味芬芳，在國外經常用於芳香療法中，枝葉所提煉的精油具有抗病毒、抗黴菌等強力殺菌功能。

葉披針形。

松紅梅開花期主要集中在春季。

栽種條件

日照環境	全日照環境
供水排水	土壤即將乾燥時供水，並注意排水順暢
土壤介質	一般壤土或培養土
肥料供應	可於春秋兩季追加氮肥，以利成長
繁殖方法	播種、扦插
病蟲害防治	病蟲害不多，但須保持通風

年中管理

月份	1	2	3	4	5	6	7	8	9	10	11	12
發芽期	●	●										●
成長期		●	●	●	●	●				●	●	●
開花期		●	●	●	●							
衰弱期							●	●	●			

松紅梅適合作為庭院灌木觀賞。

香桃木
Myrtle

別名：香桃金孃
學名：*Myrtus communis*
屬性：常綠灌木
原產地：南歐至地中海沿岸地區

植物特徵

葉密生，呈披針形，對生，具有光澤。莖直立，會分枝且木質化。花腋生，近似梅花，花為白色。果實為漿果，成熟時呈深藍或黑色。全株具有類似月桂般濃郁甘甜的香氣。

生活應用

新鮮及乾燥葉可作為香料，在烹調豬肉或羊肉的最後添加。製成純露用於臉部具有收斂效果。新鮮的枝葉花可做成花環，古希臘人將其綁為花束，作為新娘捧花。

葉片對生。

香桃木具有如月桂般的香氣。

古埃及人將甜香桃木視為繁榮的象徵。

栽種條件

日照環境	全日照環境
供水排水	土壤快乾燥時供水，並注意排水順暢
土壤介質	一般壤土即可
肥料供應	於春秋兩季追加氮肥，以利成長
繁殖方法	播種、扦插
病蟲害防治	病蟲害並不嚴重

年中管理

月份	1	2	3	4	5	6	7	8	9	10	11	12
發芽期	●	●									●	●
成長期	●	●	●								●	●
開花期				●	●	●						
衰弱期							●	●	●	●		

檸檬桉
Lemon Eucalyptus

別名：檸檬尤加利
學名：*Eucalyptus citriodora*
屬性：常綠喬木
原產地：澳洲

植物特徵

葉對生，呈長披針形，幼株葉片粗糙並帶有絨毛，香氣濃郁；大樹葉片光滑而香氣微弱。樹幹粗大直立，最高可達7公尺以上。開花時花朵呈束狀著生，但植株必須夠大才有開花的條件。

生活應用

主要運用部位為葉片及嫩枝，尤其以幼株的香氣最為濃郁。採摘枝葉加以乾燥之後，可吊掛在櫥櫃中，用以防蟲及除臭。由於香氣過於濃厚，故不適宜加入香草茶飲或料理。
檸檬尤加利所蒸餾的精油，作為沐浴、芳香用途皆非常合適。

檸檬桉喜愛較為潮濕的環境。

幼株葉片帶有濃郁香氣。

栽種條件

日照環境	全日照
供水排水	喜愛較為潮濕的環境
土壤介質	一般壤土即可
肥料供應	於春秋兩季追加氮肥，以利成長
繁殖方法	播種、扦插
病蟲害防治	病蟲害不多，栽培容易

年中管理

月份	1	2	3	4	5	6	7	8	9	10	11	12
發芽期	●										●	●
成長期		●	●	●	●	●						
開花期							●	●				
衰弱期									●	●		

檸檬桉適合單獨地植。

同屬品種

藍桉
Blue Eucalyptus

學名：*Eucalyptus globulus*

植物簡介

幼株葉形寬大呈灰藍色，老株的葉形則變較狹長。生性強健，容易栽培，只要有充足的陽光，就可以生長良好。最好直接露地定植，栽種的重點在於從幼苗期開始摘芯，以控制植株高度。施肥可在春季追加氮肥。市面上常買到的尤加利精油，雖然綜合各種桉屬植物，但其中以藍桉品種最多。

幼株葉形接近橢圓形。

植株直立，適合直接露地栽種。

蘋果桉
Apple Eucalyptus

別名：圓葉尤加利
學名：*Eucalyptus bridgesiana*

植物簡介

枝葉帶有淡淡的青蘋果香氣。根部會分泌化學物質抑制其他植物生長，因此周遭的雜草數量會減少。精油具有殺菌的功效，經常被添加在香水與化妝品中。乾燥的葉片具有強勁的殺菌作用，有時被當作混合香料，作為芳香抗菌劑使用。

葉互生，呈卵形或心形。

帶有青蘋果般的濃郁香氣。

桃金孃
Downy Rosemyrtle

別名：山棯、紅棯
學名：*Rhodomyrtus tomentosa* Hassk
屬性：長綠灌木
原產地：台灣

植物特徵

單葉對生，葉為橢圓形。莖直立，多分枝且會木質化。聚繖花序，腋生，花朵數多，開桃紅色花。果實為橢圓形。

生活應用

花朵盛開極美，具有觀賞價值。由於是台灣原生種，所以栽種上相當適合本土氣候。除了觀賞外，成熟果實可以直接採摘下來食用，口感相當不錯。

數多的桃紅色花。

葉對生。

栽種條件

日照環境	半日照或全日照
供水排水	土壤快乾燥時供水，並注意排水順暢
土壤介質	一般壤土或培養土
肥料供應	於春秋兩季追加氮肥，以利成長
繁殖方法	播種、扦插
病蟲害防治	病蟲害並不嚴重

年中管理

月份	1	2	3	4	5	6	7	8	9	10	11	12
發芽期	●										●	●
成長期	●	●	●								●	●
開花期				●	●	●						
衰弱期							●	●	●	●		

桃金孃為台灣原生種，集中生長在北部、南部及綠島等地區。

港口馬兜鈴
Zollinger Dutchman's pipe

別名：卵葉馬兜鈴
學名：*Aristolochia zollingeriana*
屬性：常綠藤本多年生植物
原產地：台灣及東南亞地區

植物特徵

葉腎形，對生，表面光滑，葉背帶有絨毛。莖為灰白色，嫩枝青綠色。總狀花序，花頂端有淡紫色的舌狀花瓣。果實橢圓形。種子心形，外緣帶有一層薄膜。

生活應用

適合作為庭園佈置，是多種鳳蝶幼蟲的食草，也是主要的蜜源植物。

栽種條件

日照環境	全日照
供水排水	土壤快乾燥時供水，並注意排水順暢
土壤介質	一般壤土即可
肥料供應	生長力旺盛，不須特別施肥
繁殖方法	扦插繁殖，經常自播成群
病蟲害防治	為鳳蝶幼蟲食草，不需刻意除蟲

年中管理

月份	1	2	3	4	5	6	7	8	9	10	11	12
發芽期	●										●	●
成長期	●	●	●								●	●
開花期					●	●	●					
衰弱期								●	●	●	●	

原本生長在台灣南部低海拔地區，但由於生育地破壞，使得植株數量急遽減少，一度被評估為瀕臨滅絕，如今植株數量已逐漸恢復至一定的程度。

港口馬兜鈴能吸引鳳蝶。

白龍船
White Glorybower

別名：白花錐常山
學名：*Clerodendrum paniculatum f. album*
屬性：常綠灌木
原產地：東南亞、印度和中國大陸南部地區

植物特徵

單葉對生，葉為闊卵或心形，具有長葉柄。莖為四稜型，小枝在莖節處具有長毛。花朵頂生，圓錐花序，白色花，花梗基部有線狀苞片，特長的雄蕊，在其他花朵很少見。球形果實含4顆種子，成熟後變黑色。

生活應用

花朵特殊，極具觀賞價值。也具有藥用功效，根及莖加以煎煮後，有固腎、調經等幫助。

葉心形。

開花性極強，但主要集中在春夏之際。

栽種條件

日照環境	半日照環境成長較佳
供水排水	喜愛較為潮濕的環境
土壤介質	一般壤土即可
肥料供應	於春秋兩季追加氮肥，以利成長
繁殖方法	扦插為主
病蟲害防治	病蟲害並不嚴重

月份	1	2	3	4	5	6	7	8	9	10	11	12
發芽期	●										●	●
成長期	●	●	●								●	●
開花期				●	●	●						
衰弱期							●	●	●	●		

早期經常野生於台灣各地的丘陵及平原荒地，現在則可在公園、機關、學校裡發現其蹤跡。

西洋牡荊
Chaste Tree

別名：貞節樹，修道樹
學名：*Vitex agnus-castus* L.
屬性：多年生草本植物
原產地：歐洲、西亞

植物特徵

掌狀複葉，對生。莖直立，多分枝。花頂生，呈圓錐花序，開紫色花。全株具有香氣。

生活應用

西洋牡荊對於賀爾蒙的調節具有功效，特別是乾燥的果實，自古就用來代替胡椒使用，據傳還有降低男人的性慾效果，所以被種植於修道院旁。種子略帶有檸檬香味，可作調味料使用。

西洋牡荊很早就在歐洲的民間療法中被加以使用。

開紫色花。

栽種條件

日照環境	全日照環境
供水排水	須常常澆水，保持濕潤，避免土壤過度乾燥
土壤介質	一般壤土或培養土
肥料供應	於春秋兩季追加氮肥，以利成長
繁殖方法	扦插為主
病蟲害防治	病蟲害並不嚴重，但要注意通風順暢

年中管理

月份	1	2	3	4	5	6	7	8	9	10	11	12
發芽期	●										●	●
成長期	●	●	●	●							●	●
開花期			●	●	●	●						
衰弱期							●	●	●	●		

西洋牡荊有代表「貞節」的意思。

馬鞭草
Vervain

別名：龍芽草
學名：*Verbena officinalis*
屬性：一年生～多年生草本植物
原產地：歐洲、亞洲溫帶地區

植物特徵

葉片羽狀對生，邊緣帶有鋸齒，葉面具光澤。莖呈暗綠色，直立，頂端拉長分枝開出花朵，拉長的花莖類似馬鞭而得名。花有桃紅、白、藍等色，花小密集。由於品種眾多而自成一科。

生活應用

品種眾多，大部分野生成長。根、莖、葉、花可以藥用，煎服有清熱利尿及降血壓的功效。還能幫助鬆弛神經系統，減緩壓力，紓解緊張。另外對皮膚病症也有緩和的效果。

栽種條件

日照環境	全日照
供水排水	須常常澆水，保持濕潤，避免土壤過度乾燥
土壤介質	一般壤土或培養土
肥料供應	於春秋兩季追加氮肥，以利成長
繁殖方法	扦插為主，並經常形成自播現象
病蟲害防治	病蟲害並不嚴重，但要注意通風順暢

年中管理

月份	1	2	3	4	5	6	7	8	9	10	11	12
發芽期	●										●	●
成長期	●	●	●	●							●	●
開花期			●	●	●	●						
衰弱期							●	●	●	●		

葉面具光澤。

馬鞭草品種眾多，自成一科。

同 屬 品 種

柳葉馬鞭草
Purpletop Vervain

學名：*Verbena bonariensis*

植物簡介

柳葉馬鞭草為觀賞性香草植物，除了園藝景觀外，多作為花藝等呈現。植株高大，如果以盆栽種植，高大的莖容易被風吹倒或是人為碰撞折損，須特別注意。

種子會形成自播，生長旺盛，花朵數量多，整叢種植非常壯觀。

開紫紅或淡紫色花。花期長，觀賞價值高。

葉十字對生，橢圓形，邊緣略有缺刻。花莖抽高後的葉則轉為細長型，如柳葉狀。

香草小常識

Q 從花草茶專賣店買回的乾燥馬鞭草，
沖泡起來為何沒有檸檬味？

一般馬鞭草並不具有檸檬醛精油成分，如果希望有檸檬味道，可選擇不同屬的檸檬馬鞭草品種，以新鮮或乾燥葉片沖泡香草茶。一般花草茶店主要供應一般馬鞭草，最近漸漸有香草農園供應乾燥檸檬馬鞭草的花草茶。

檸檬馬鞭草
Lemon Verbena

別名：防臭木
學名：*Aloysia triphylla*
屬性：多年生草本植物
原產地：南美洲

花卉適時摘蕾，可促進再成長。

植物特徵

單葉對生，長披針形，葉端呈尖狀，每節輪生3或4片葉。莖略成四方狀，基部會木質化，初期為嫩綠色，漸漸蛻變為木質。花開於枝條尖端，穗狀花序，花為白色。

生活應用

主要用來泡香草茶。生鮮或乾燥枝葉均可使用，但生鮮泡茶較為清香。可單泡，也可搭配其他茶飲香草或是加入綠茶中，飲用後會加強胃腸的蠕動，可幫助消化。除了茶飲，也可將葉片剁碎後，加入果醬或甜點中增加風味。

葉片具有檸檬香氣。

栽種條件

日照環境	全日照
供水排水	避免土壤過度乾燥
土壤介質	喜歡潮濕且肥沃的土壤
肥料供應	於春秋兩季追加氮肥，以利成長
繁殖方法	播種與扦插為主，但扦插發根率不高
病蟲害防治	病蟲害並不嚴重

檸檬馬鞭草極受女性歡迎，適合生鮮沖泡香草茶。

年中管理

月份	1	2	3	4	5	6	7	8	9	10	11	12
發芽期			●	●						●	●	
成長期			●	●					●	●	●	
開花期					●	●	●	●				
衰弱期	●	●										●

土丁桂
Dwarf Morning Glory

別名：白毛草、人字草
學名：*Evolvulus alsinoides*
屬性：多年生草本植物
原產地：中國大陸、東南亞等地區

植物特徵

葉互生，具短柄，葉片呈線狀長橢圓形，葉色淺綠，葉緣白色。莖具匍匐性且多分枝，披有淺灰色絨毛。花朵漏斗狀，藍色或是帶點淺白的淡藍色，腋生。果實球形，極為細小，內有種子4粒。

生活應用

藍色的花朵非常美麗，極具觀賞價值。在中國很早就有藥用紀錄，最主要是含有甜菜鹼成分，全株煎服，具有保護肝臟的功效。

莖葉上布有淺灰色絨毛。

開藍色花朵，具有觀賞價值。

栽種條件

日照環境	半日照或全日照
供水排水	喜歡較為潮濕的環境，但排水還是要順暢
土壤介質	砂質壤土最佳
肥料供應	地植為主，可在定植時施加基礎氮肥
繁殖方法	播種、扦插、壓條皆可
病蟲害防治	病蟲害較少，但必須注意通風

年中管理

月份	1	2	3	4	5	6	7	8	9	10	11	12
發芽期	●	●									●	●
成長期			●	●	●	●						
開花期			●	●	●	●						
衰弱期							●	●	●			

花朵有些類似同為旋花科的牽牛花，但花朵較小。

玫瑰天竺葵
Rose Geranium

學名：*Pelargonium graveolens*
屬性：多年生草本植物
原產地：南非

植物特徵

葉互生，掌狀葉形，帶有淺裂，葉面被有細絨毛。莖直立，基部會木質化。開粉紅色花，有5片花瓣。

玫瑰天竺葵為芳香天竺葵的代表品種。

生活應用

為提煉天竺葵精油的最主要品種，精油常被添加於化妝、保養品，能滋潤與美白肌膚。生鮮植株可與糕點一起烘焙，或製作成果醬及優格，具有玫瑰般的香氣。將嫩葉沾粉油炸，也是一道好吃的點心。

美麗的花朵也是插花與花束的素材，乾燥的花朵則可用來壓花。

芳香天竺葵系列 Scented Geranium 品種許多，香氣多樣，花色美麗，在歐美享有極高的人氣。

栽種條件

日照環境	全日照
供水排水	土壤即將乾燥時供水，排水須順暢
土壤介質	一般壤土或培養土皆可
肥料供應	可於春秋兩季追加氮肥，以利成長
繁殖方法	播種、扦插
病蟲害防治	病蟲害不多，但忌諱高溫多濕的夏季，入夏前要加以修剪

年中管理

月份	1	2	3	4	5	6	7	8	9	10	11	12
發芽期	●	●									●	●
成長期	●	●	●	●	●	●						
開花期			●	●	●	●						
衰弱期							●	●	●	●		

具有玫瑰香氣，精油常被用來替代昂貴的玫瑰精油，因此有「窮人的玫瑰」之稱。

同屬品種

檸檬天竺葵
Lemon Geranium

學名：*Pelargonium crispum*

植物簡介

檸檬天竺葵因具有檸檬的
香氣而得名。葉互生，掌
狀二回深裂，葉面覆有絨
毛，葉色比較深綠。檸檬
味道比其他檸檬系香草如
檸檬百里香、檸檬香蜂
草、檸檬羅勒更為濃烈，
所以建議沖泡香草茶要少
量使用。

葉形深裂，不同於玫瑰
天竺葵的淺裂葉片。

花為粉紅色，與玫瑰天竺葵的花極為相似。

檸檬玫瑰天竺葵
Lemon-Rose Geranium

學名：*Pelargonium graveolens*
'Rober's Lemon Rose'

植物簡介

葉形為掌狀裂葉，
具有兩道深裂，兩道
淺裂，葉面覆有細絨
毛。開粉紅色花。全株
與玫瑰天竺葵、孔雀天
竺葵同樣具有類似玫瑰

掌狀裂葉具有兩道
深裂，兩道淺裂。

的香氣，而檸檬玫瑰天竺葵的味道尤為濃郁，可運
用在茶飲與芳香方面，但建議用量要酌減。

同時具有玫瑰與檸檬的香氣，相當特殊。

同屬品種

防蚊樹
Citrosa Mosquito Fighter Geranium

學名：*Pelargonium* 'Citrosa'

植物簡介

精油成分中含有驅蟲的功效，雖名為防蚊，但單純的植株無法達到防蚊效果，須做成純露後，再加上少量藥用酒精中和，噴在蚊蟲聚集的場所。

頭狀花序，粉紅色，與玫瑰天竺葵極為相似。

防蚊樹由於含驅蟲成分而得名。

葉形接近檸檬天竺葵，為掌狀二回深裂，但葉色較為淺綠。

孔雀天竺葵
Peacock Geranium

學名：*Pelargonium* 'Peacock'

植物簡介

葉形類似孔雀開屏而得名。葉片與花朵除了具有觀賞性外，同樣也可以做成純露。另外春天開花時，可與玫瑰、薰衣草一起做成花束，餽贈親友，極為合適。

葉形較大，掌狀深裂，葉色較為淺綠，並具有白色斑紋。

香氣特徵接近玫瑰天竺葵。

杏果天竺葵
Apricot Grranium

學名：*Pelargonium scabrum 'M Ninon'*

植物簡介

香氣具有杏仁果實的味道，因而得名。
由於偏果香系，可以用在製作甜點、泡
香草茶。花朵非常豔麗，類似觀賞性的
天竺葵，因此在春天開花季節時，常常
吸引人們的目光。

葉形接近孔雀天竺葵，
掌狀深裂，並帶有皺
褶，但葉色較為深綠。

椰香天竺葵
Coconut Geranium

學名：*Pelargonium grossularioides*

植物簡介

葉為圓形，較小片且具有淺裂。一般天
竺葵的葉面都有明顯的絨毛，椰香天竺
葵則較為光滑。莖具有匍匐性，分枝性
強。由於有下垂成長趨勢，可選擇以吊
盆栽種來觀賞。雖稱為椰香品種，但香
味並不明顯。生鮮花葉常添加於果醬或
糖漿中。嫩葉沾粉油炸也非常可口。

葉子比一般天竺葵葉
小，並且接近圓形。

蘋果天竺葵
Apple Geranium

學名：*Pelargonium ordoratissimum*

植物簡介

全株帶有類似蘋果的香氣而得名，味道較為溫和，可運用在香草茶飲、烘焙點心與製做純露。在栽種方面，由於比較不耐台灣夏季高溫多濕的氣候，在台灣平地不容易過夏。

葉為圓形，具淺裂，表面有稀疏絨毛。

蘋果天竺葵開白色花朵。

薰衣草天竺葵
Old spice Geranium

學名：*Pelargonium X fragran 'Logeei'*

植物簡介

香氣強烈而濃郁，可製成純露或是沖泡香草茶。在栽培上，建議每年中秋節過後購買幼株開始栽種，於隔年端午節前採收葉、莖、花使用。

外形接近蘋果天竺葵，蘋果天竺葵的葉色比較深綠，薰衣草天竺葵則比較淺綠，並帶點灰白色。

白色的花朵，在春季開花。

薰衣草天竺葵適合在冬、春季節成長。

同屬品種

巧克力天竺葵
Chocolate-mint Geranium

別名：巧克力薄荷天竺葵
學名：*Pelargonium quercifolium* 'Chocolate-mint'

植物簡介

葉片中的葉脈區域類似巧克力色，
並帶有輕微的薄荷味。由於葉色相
當特殊，在芳香天竺葵系列中較為
少見，因此大部分作為觀賞用，另
外也可製成純露。平地在栽培上，
夏季同樣會受到台灣高溫多濕的影
響，成長比較不佳。

葉形掌狀深裂，葉色
深綠，葉脈部分帶有
紅褐色的斑紋。

香草小常識

Q 在春天逛花市，經常看到花開豔麗的天竺葵蹤跡，
它們與這裡介紹的天竺葵有何不同？

天竺葵屬區分為純觀賞性
與芳香天竺葵兩大系列。
在花市看到的天竺葵多屬
於純觀賞性，花色豐富，
以觀花為主。兩者最大差
異在於葉片的香氣，觀賞
性天竺葵葉片的味道較不
討喜，所以有「臭茉莉」
的稱呼；芳香天竺葵香氣
宜人，具有各種味道，可
運用在料理、茶飲、芳香
等生活層面。

芳香天竺葵香氣討
喜，可運用於生活。

純觀賞性的天竺葵花色
豐富，圖為楓紅天竺葵。

矢車菊
Cornflower

別名：藍芙蓉、翠蘭
學名：*Centaurea cyanus*
屬性：一年生草本植物
原產地：歐洲

植物特徵

葉互生，呈線狀披針形。莖直立，多分枝。頭狀花序，筒狀花，花生於枝端，有重瓣與半重瓣兩種。花色有紫藍、粉紅、白等，以紫藍花最具代表性。

生活應用

花朵美麗，有高度觀賞價值。花朵可食，能加入沙拉、果凍或是奶油中，同時增添美麗色彩。美容方面，花的純露具有收斂及防止發炎效果。

粉紅的花色。

花朵適合各種生活運用。

栽種條件

日照環境	半日照到全日照皆可
供水排水	喜愛較為潮濕的環境
土壤介質	一般壤土及培養土皆可
肥料供應	可於春秋兩季追加氮肥，以利成長
繁殖方法	播種、分株
病蟲害防治	病蟲害不多，但要經常修剪枯黃葉片，保持通風順暢

年中管理

月份	1	2	3	4	5	6	7	8	9	10	11	12
發芽期	●	●									●	●
成長期	●	●	●	●	●	●				●	●	●
開花期		●	●	●	●	●						
衰弱期							●	●	●			

圖片提供／吳昭祥

矢車菊是德國的國花，在當地隨處可見，在原產地歐洲也極受歡迎。

德國洋甘菊
German Chamomile

別名：春黃菊
學名：*Matricaria recutita*
屬性：一年生草本植物
原產地：歐洲、北亞等地區

植物特徵

葉互生，羽狀複葉深裂，並呈細絲狀。莖直立，多分枝。花頂生，為頭狀花序，舌狀花白色，管狀花黃色。

生活應用

主要運用部位為花朵，很適合生鮮加入熱牛奶中，或是搭配薰衣草、百里香、薄荷等茶飲用香草，沖泡成香草茶，有鎮靜、保溫、發汗的作用。精油則有抗菌及抗發炎的功效。花朵經由陰乾可做成乾燥花，置放於真空殺菌的瓶罐中，約可保存1年左右。

葉片無香氣，不同於羅馬洋甘菊葉子具有蘋果香氣。

新鮮的花朵也非常適合作為花束、插花等花藝呈現。

國外開花約在5月，在台灣則是每年的3～6月開花，甚至提前到冬末就會開花。

栽種條件

日照環境	全日照環境
供水排水	等土壤即將完全乾燥時再供水，排水要順暢
土壤介質	砂質壤土最佳
肥料供應	可在開花期前，施加海鳥有機磷肥
繁殖方法	種子播種為主
病蟲害防治	蟲害主要為蚜蟲，發生在入夏之後，然後漸漸枯萎，可待中秋節過後再進行播種。

年中管理

月份	1	2	3	4	5	6	7	8	9	10	11	12
發芽期	●	●									●	●
成長期		●	●	●	●	●						
開花期				●	●	●						
衰弱期							●	●	●	●		

花卉有著類似蘋果般芳香濃郁的氣味。

奶薊
Milk Thistle

別名：牛奶薊、苦薊
學名：*Silybum marianum*
屬性：一至二年生草本植物
原產地：歐洲地中海沿岸

植物特徵

葉對生，深綠色，表面有銀白色斑紋，葉緣為裂片且具有尖刺。從底部基生葉中生莖，莖直立。將枝幹部位切開，會流出類似牛奶般的白色苦味汁液，所以又稱為「牛奶薊」或「苦薊」。

生活應用

早期歐洲的醫師，以奶薊草加蜂蜜熬煮湯汁，用來退黃疸。近代則製成膠囊，以緩解肝膽疾病，但是由於具有很強的藥性，須由專業醫師來調劑。除了藥用之外，美麗的紫花與白斑葉片具有觀賞性，可用於佈置方面。

裂葉且具有尖刺。

圖片提供／尤次雄

花紫紅色，呈頭狀花序，於春末夏初時開花。

栽種條件

日照環境	全日照
供水排水	乾燥時再供水，排水要順暢
土壤介質	以砂質壤土最佳
肥料供應	可在換盆或定植時施加基礎氮肥
繁殖方法	播種、分株
病蟲害防治	病蟲害較少，但要經常修剪枯黃葉片，促進再成長

年中管理

月份	1	2	3	4	5	6	7	8	9	10	11	12
發芽期	●	●									●	●
成長期			●	●	●	●						
開花期					●	●						
衰弱期							●	●	●	●		

適合盆植栽培，也可以地植。

向日葵
Sunflower

別名：太陽花
學名：*Helianthus annuus* Linn.
屬性：一至二年生草本植物
原產地：中南美洲

植物特徵

葉對生，大葉呈橢圓形。莖直立，特別是花莖高挺。花朵為頭狀花序，依舌狀花的比例分為重瓣與單瓣、單花與多花。花色主要為黃色，也有橘黃色。花期很長，四季皆可開花，以夏季為主。依功能又可分為觀賞及食用品種。

生活應用

經常運用於佈置方面，尤其地植形成一片花海，非常壯觀，也可作為休耕期的綠肥植物。在食用方面，葵花子是大家熟悉的小點心，另外還可以提煉葵花油，供烹調使用。

向日葵是祕魯的國花，也被稱為「祕魯的黃金花」。

圖片提供／鄭錦屏

花朵碩大，顏色豔麗，是非常受歡迎的觀賞用花卉香草。

栽種條件

日照環境	全日照
供水排水	即將乾燥時再供水，排水須順暢
土壤介質	一般壤土即可
肥料供應	可於春秋兩季追加氮肥，開花期前追加海鳥磷肥
繁殖方法	播種為主
病蟲害防治	病蟲害不多

年中管理

月份	1	2	3	4	5	6	7	8	9	10	11	12
發芽期			●	●	●							
成長期				●	●	●						
開花期						●	●	●	●	●		
衰弱期	●	●									●	●

圖片提供／鄭錦屏

向日葵花海。

艾草
Asiatic Mugwort

別名：香艾
學名：*Artemisia princeps*
屬性：多年生草本植物
原產地：亞洲與歐洲等地區

植物特徵

葉對生，羽狀深裂，被有灰白色短毛，葉具長柄。莖直立，莖會木質化，既是多年生草本也是低矮灌木。花朵為黃色，頭狀花序。

生活應用

用途廣泛，可以陰乾製成茶葉，如艾草茶；乾燥磨成粉做成加工食品，如艾草糕點；製成艾草條可以防蚊蟲。端午節之際，傳統會將艾草枝條及菖蒲插於門口或是懸掛在玄關，用以驅邪避凶。

栽種條件

日照環境	半日照或全日照
供水排水	乾燥時供水，排水要順暢
土壤介質	一般壤土即可
肥料供應	可於春、秋兩季追加氮肥，以利成長
繁殖方法	播種、扦插
病蟲害防治	植株強壯，病蟲害不多

年中管理

月份	1	2	3	4	5	6	7	8	9	10	11	12
發芽期			●	●								●
成長期			●	●	●	●	●	●	●	●		
開花期									●	●	●	
衰弱期	●	●										●

羽狀深裂葉片為植株最大特徵。

植株具有濃烈香氣，是艾蒿屬主要品種。

同屬品種

斑葉艾蒿
Golden Mugwort

圖片提供/張元聰

葉色亮麗，可作為觀賞用途。

學名：*Artemisia vulgaris*
'Variegata'

植物簡介

是艾蒿的變異種，羽狀複葉深裂，葉緣粗齒，葉面具有斑紋是最大特徵。頭狀花序，花淡黃綠，用途同艾蒿，可同時作香料、蔬菜、藥用等用途。另外還可以整叢種植，由於葉色特殊，在香草花園中相當醒目。

角菜
White Mugwort

別名：皇帝菜
學名：*Artemisia lactiflora*

植物簡介

主要是食用嫩葉及葉柄，因為含有豐富鈣質，營養價值高。尤其是在夏天，採收嫩莖或葉片煮湯，有消暑及退火的功效。在台灣以新竹、苗栗一帶栽種最多。

葉互生，羽狀淺裂，因為葉緣有
粗鋸齒狀，呈長角形而得名。

銀霧
Silver Mound Wormwood

別名：南方苦艾、朝霧
學名：*Artemisia schmidtiana 'Nana'*

植物簡介

葉互生，羽狀細裂，表面有銀
白色絹毛。莖呈匍匐狀生長，
頭狀花序，花較小。不適合食
用，為純觀賞性香草植物，在
日本有大量栽培，供一般家庭
種植盆栽與佈置。近年來也在
台灣開始風行。

葉片為觀賞重點，做成吊盆、當作地披植
物都非常合適。

茵陳蒿
Mosquito Wormwood

別名：綿茵陳
學名：*Artemisia capillaris*

植物簡介

艾蒿屬植物大部分為多年生，茵陳蒿則偏向
常綠灌木。每年春季時，枝條由草本漸漸形
成木質化，分枝甚多，根生葉並帶有葉柄，
羽狀細裂。頭狀花序，花為綠白色，夏至秋
季開花。植株乾燥後拿來焚燒，有驅蚊的效
果。嫩苗或嫩葉可以食用，搗碎與米一起
煮，能促進食慾。

樟腦苦艾
Camphor Southernwood

學名：*Artemisia camphorate*

植物簡介

植株外型近似銀霧，也是屬於匍匐性生長，但葉色淺綠，沒有絨毛，由於帶有較高的樟腦成分而得名。開花期主要在冬季，目前此品種由於尚未完全馴化，所以在市面上較為少見。

具有較高的樟腦成分。

俄羅斯龍艾
Russian Tarragon

別名：香艾菊
學名：*Artemisia dracunculus dracunculoides*

植物簡介

葉披針狀，葉色淺綠。稍微帶有苦味，在歐洲地區廣受歡迎。嫩葉切碎後，可添加於奶油、美乃滋等當作淋醬，例如著名料理「烤蝸牛」獨特開胃的糊狀調味汁，主要就是將龍艾、荷蘭芹與大蒜切碎，再加上奶油及少許檸檬汁。另外還有極為類似的品種：法國龍艾 French Tarragon（*Artemisia dracunculus*）。

俄羅斯龍艾在歐式料理中經常使用。

金盞花
Pot marigold

別名：金盞菊、金盞草
學名：*Calendula officinalis* L.
屬性：多年生草本植物
原產地：南歐、北非

植物特徵

葉互生，長橢圓形，葉質較厚實。莖直立，花莖分枝多，花呈頭狀花序，有重瓣和單瓣的品種，花色有金黃、橙黃等多種品種。

生活應用

生鮮花朵可用來煮湯、加入沙拉等，生食亦可，口感滑順，帶點甘甜的香氣。含有豐富礦物質及維他命，具有發汗利尿及幫助消化等功效。藥用上花純露有清潔、殺菌效果，特別是冷敷於眼部，能改善酸澀。佈置上適合盆栽或地植，進行花園美化。

金盞花有多種花色。

開花性強。

金盞花含有豐富的天然葉黃素與玉米黃素，也是很受歡迎的保健植物。

栽種條件

日照環境	全日照
供水排水	即將乾燥時供水，排水須順暢
土壤介質	一般壤土及培養土皆可
肥料供應	春秋兩季追加氮肥，開花期前追加海鳥磷肥
繁殖方法	播種為主
病蟲害防治	病蟲害不多，但要經常摘蕾，以促進再開花

年中管理

月份	1	2	3	4	5	6	7	8	9	10	11	12
發芽期			●	●	●							
成長期				●	●	●						
開花期					●	●	●	●	●	●		
衰弱期	●	●									●	●

羅馬洋甘菊
Roman Chamomile

別名：羅馬春黃菊
學名：*Chamaemelum nobile*
屬性：多年生草本植物
原產地：南歐

植物特徵

葉互生，羽狀複葉深裂，呈細絲狀。花頂生，為頭狀花序，舌狀花白色，管狀花黃色。花和葉帶有類似蘋果香氣的精油成分。成長型態為匍匐性，因此莖會橫向發展。在台灣平地開花不易，就算是高海拔地區，也只會少量開花。

生活應用

花朵所蒸餾的精油，能夠收斂皮膚、促進頭髮光澤，也具有消炎、殺菌的效果。由於具匍匐性，國外的公園多作為草坪，可以躺臥於上，感受蘋果芳香的氛圍。

圖片提供／尤次雄

香氣濃郁，又有「大地的蘋果」之稱。

栽種條件

日照環境	全日照
供水排水	等土壤即將乾燥再供水，排水要順暢
土壤介質	砂質壤土最佳
肥料供應	春秋兩季追加有機氮肥
繁殖方法	播種、分株、壓條
病蟲害防治	蟲害主要為蚜蟲，可用有機法加以防治

年中管理

月份	1	2	3	4	5	6	7	8	9	10	11	12
發芽期	●	●									●	●
成長期		●	●	●	●	●						
開花期				●	●	●						
衰弱期							●	●	●	●		

莖具匍匐性而會橫向發展。

 香草小常識

Q 羅馬洋甘菊與德國洋甘菊要如何分辨呢？

	羅馬洋甘菊	德國洋甘菊
科屬	菊科 洋甘菊屬	菊科 母菊屬
葉片氣味	葉片帶有蘋果香氣	葉片不具氣味
花朵氣味	較濃郁	較清香
屬性	多年生草本	一年生草本
成長型態	匍匐性，莖會橫向發展	莖直立

大波斯菊
Common Cosmos

別名：波斯菊、秋英菊
學名：*Cosmos bipinnatus*
屬性：一年生草本植物
原產地：中南美洲

植物特徵

葉互生，羽狀分裂，裂片稀疏呈細線形。莖直立，多分枝。頭狀花序，具有長梗，頂生，花柄細長，花為舌狀，花色很多，有白、金黃、鮮紅、粉紅、紫紅等，中央為管狀花，黃色。花型則有重瓣、半重瓣、單瓣之分。

生活應用

主要作為園藝觀賞用，由於成長快速，花色眾多，因此種苗業者大量繁殖，儼然成為秋冬之際的代表性花卉，同時也是很好的蜜源植物。花藝上可作為插花或押花素材。大部分農家則是在休耕期栽種，作為綠肥植物。

圖片提供／吳昭祥

大波斯菊可做為綠肥植物，因此在休耕期間台灣農家多會撒大波斯菊的種子。

花色豔麗的大波斯菊。

栽種條件

日照環境	全日照
供水排水	供水正常，排水須順暢
土壤介質	一般壤土即可
肥料供應	可於春秋兩季追加氮肥，以利成長
繁殖方法	可自然形成自播現象
病蟲害防治	隸屬台灣原生種，植株強壯，病蟲害不多

年中管理

月份	1	2	3	4	5	6	7	8	9	10	11	12
發芽期	●	●										●
成長期	●	●	●	●						●	●	●
開花期		●	●	●						●	●	
衰弱期					●	●	●	●	●			

為一年生草本，開花期後就會枯萎。

馬蘭
Field Aster

別名：馬蘭菊
學名：*Kalimeris indica*
屬性：多年生草本植物
原產地：美洲

植物特徵

葉互生，披針形，葉緣帶有淺鋸齒，無葉柄。莖直立，多分枝，深綠色。花為頭狀花序，頂生，淺紫色。成長快速，開花性強，從春季可以一直開花到秋末。

生活應用

花朵小巧亮麗，適合種植於庭園，或是作為花徑觀賞。枝葉經常運用在染色方面，佈置上可製做插花、花環與押花等，藥用方面將植株煎煮服用，具有清毒解熱及殺菌的功效。

馬蘭的葉呈披針形。

舌狀花藍色，管狀花黃色。

栽種條件

日照環境	半日照到全日照皆可
供水排水	土壤即將乾燥時供水，排水要順暢
土壤介質	一般壤土或培養土皆可
肥料供應	可於春秋兩季追加有機氮肥及海鳥磷肥
繁殖方法	扦插為主
病蟲害防治	病蟲害不多，但冬季成長較差，可適時修剪，待春天就會成長很好

年中管理

月份	1	2	3	4	5	6	7	8	9	10	11	12
發芽期			●	●	●							
成長期				●	●		●					
開花期					●	●	●	●	●	●		
衰弱期	●	●									●	●

馬蘭地植會形成走莖現像，成長快速。

甜菊
Stevia

別名：甜菊葉
學名：*Stevia rebaudiana*
屬性：多年生草本植物
原產地：南美洲

植物特徵

葉片為對生，狹長形，葉緣帶有淺齒狀切刻，葉及莖上有粗毛，莖直立、分枝多。白色小花呈繖房花序排列，僅有管狀花，但花瓣5枚明顯，花期主要在秋冬季。

生活應用

主要利用部位為葉片及嫩枝，生鮮與乾燥後皆可，如果採用新鮮葉片及嫩枝，最好剪下後立即使用，或保存於冰箱冷藏室，盡量在3～5天用完。也可將其乾燥後放入密封罐中，能保存3個月左右。甜菊作為代糖使用，最近在歐美及日本蔚為風潮。

甜菊的花朵極細小，較不具觀賞性。

甜菊的葉莖具有甜味。

主要成長季節在夏季。

栽種條件

日照環境	全日照，耐暑性強
供水排水	乾燥後供水，排水須順暢
土壤介質	一般壤土或培養土皆可
肥料供應	可於春秋兩季追加氮肥，以利成長
繁殖方法	扦插為主，種子會形成自播現象
病蟲害防治	植株強壯，病蟲害不多，唯獨冬季成長不佳

年中管理

月份	1	2	3	4	5	6	7	8	9	10	11	12
發芽期			●	●	●							
成長期				●	●	●	●	●				
開花期									●	●	●	●
衰弱期	●	●										

藍冠菊
Brazilian Buttonflower

別名：蘋果薊
學名：*Centratherum punctatum*
屬性：多年生草本植物
原產地：歐洲

植物特徵

葉互生，橢圓形，先端尖銳，粗鋸齒緣，表面深綠色，背面淡綠色。莖直立，多分枝，具粗毛。頭狀花序，頂生，花冠藍紫色。但冬季衰弱而呈現枯萎狀態，待來春又會再成長。

生活應用

主要作為園藝觀賞用，特別是紫藍色的花，非常適合用來美化花園，也可以種植於大型盆具中。花與葉具有類似蘋果的香味，可以做成沐浴包，供芳香使用。然而沖泡成香草茶口感極差，因此並不運用在茶飲方面。

葉片與花卉具有淡淡的青蘋果香氣。

花期很長，只要長出葉後就會開花。

春夏季節容易因先前種子自播而自行成長。

栽種條件

日照環境	半日照到全日照皆可
供水排水	喜愛較為潮濕的環境
土壤介質	一般壤土及培養土皆可
肥料供應	可於春秋兩季追加氮肥，以利成長
繁殖方法	播種、扦插，容易形成自播
病蟲害防治	病蟲害不多，但要經常修剪枯黃葉片，保持通風順暢

年中管理

月份	1	2	3	4	5	6	7	8	9	10	11	12
發芽期			●	●	●							
成長期			●	●	●	●	●	●				
開花期				●	●	●	●	●	●			
衰弱期	●	●									●	●

棉杉菊
Santolina

別名：山多利那、薰衣草棉
學名：*Santolina chamaecyparissus*
屬性：低矮灌木
原產地：歐洲

植物特徵

葉互生，羽狀淺裂，呈鱗片狀，銀白色。莖直立，開花期前會更加挺立。花頂生，頭狀花序。花期主要在夏秋之際，但在台灣平地由於夏季成長態勢較差，開花性不強。

生活應用

棉杉菊是國外古典庭園中的主要園藝素材，種在庭園邊緣，可形成天然的圍籬。花、枝、葉乾燥後可放入布袋中用以防蟲。枝、葉煎服飲用，能調整生理不順，並提高腎臟的功能。外用則搗碎加入藥膏，可舒緩蚊蟲叮咬及皮膚炎等症狀。

葉具有類似薰衣草的香氣。

開花期主要在春到夏初。

栽種條件

日照環境	半日照到全日照皆可
供水排水	土壤即將乾燥時供水，排水要順暢
土壤介質	一般壤土及培養土皆可
肥料供應	定植或換盆時添加有機氮肥當基礎肥
繁殖方法	播種和扦插為主
病蟲害防治	植株強壯，病蟲害不多

年中管理

月份	1	2	3	4	5	6	7	8	9	10	11	12
發芽期	●	●										●
成長期	●	●	●	●	●	●				●	●	●
開花期			●	●	●							
衰弱期							●	●	●			

葉形獨特，顏色銀白，如同珊瑚礁般美麗，為庭園增添許多色彩。

艾菊
Tansy

別名：鈕扣菊
學名：*Tanacetum vulgare*
屬性：多年生草本植物
原產地：歐洲地中海沿岸地區

圖片提供／尤次雄

開花期主要在春到夏初。

植物特徵

葉互生，葉面深綠色，葉背銀灰色，羽狀深裂或淺裂。莖短縮呈叢生狀。春夏之際會挺出花莖，於最頂端開花，花朵鈕扣狀，為黃色管狀花。

生活應用

新鮮葉子可用來泡澡，能增進血液循環；乾燥葉片置於枕頭中，可改善失眠。有些保養品加入艾菊成分，具有治療青春痘的功效。由於葉形特殊，花朵美麗，經常被作為花藝的素材。除了觀賞價值，還可作為忌避植物。

葉片可用於製作純露，擦於皮膚上具有防蚊防蠅的效果。

栽種條件

日照環境	半日照到全日照皆可
供水排水	乾燥後供水，排水須順暢
土壤介質	一般壤土及培養土
肥料供應	春、秋兩季追加氮肥，以利成長
繁殖方法	可自然形成自播現象
病蟲害防治	病蟲害不多，但要經常修剪，保持通風

年中管理

月份	1	2	3	4	5	6	7	8	9	10	11	12
發芽期	●			●	●						●	●
成長期	●	●	●	●	●	●						
開花期		●	●	●	●	●						
衰弱期							●	●	●	●	●	

鈕扣狀的花朵，相當討喜。

同 屬 品 種

小白菊
Feverfew

別名：夏白菊
學名：*Tanacetum parthenium*

植物簡介

葉片羽狀深裂，中央的管狀
花為黃色，舌狀花為白色。
可與玫瑰合植，以防止蟲
害，使其成長更好。花葉
倒吊陰乾後加以揉碎，裝進
布袋放入衣櫃裡，可避免蟲
蛀。栽培上忌諱夏季的高溫
多濕，因此在入夏前要加以
修剪，保持通風。

圖片提供／吳昭祥

主要開花期在夏季。

香草小常識

Q 什麼是忌避植物？

部分菊科植物如艾菊、小白
菊、萬壽菊等，以及蔥屬的細
香蔥等，根部會散發天然硫化
物，可以驅趕害蟲，因此與蔬
果、香草合植，能使周圍植物
也受到保護，而形成共生現
象，這類植物就稱之為「忌避
植物」。

細香蔥。

紫錐花
Coneflower

別名：松果菊、金光菊
學名：*Echinacea purpurea*
屬性：多年生草本植物
原產地：北美

植物特徵

葉對生，鮮綠色，狹長形，具有長柄。莖短縮，花莖從植株基部直接挺立。頭狀花序，管狀花深紫色，舌狀花粉紅透紫，也有白色舌狀花的品種，花瓣呈下垂狀。

生活應用

早期北美的原住民將根搗碎，取其汁液作為止咳的藥方，近年來更發現具有增強免疫系統的功效。生鮮與乾燥的花皆可泡茶飲用，可舒緩感冒的不適。佈置上由於花型相當優美，適合運用於庭園造景。

紫錐花在國外相當受到歡迎，目前國內也有農家大量種植。

花型美麗，呈下垂狀。

栽種條件

日照環境	全日照
供水排水	即將乾燥時再供水，排水須順暢
土壤介質	一般壤土及培養土皆可
肥料供應	可於春秋兩季追加氮肥，開花期前追加海鳥磷肥
繁殖方法	播種為主
病蟲害防治	病蟲害不多，但要經常摘蕾，以促進再開花

年中管理

月份	1	2	3	4	5	6	7	8	9	10	11	12
發芽期			●	●	●							
成長期				●	●	●						
開花期						●	●	●	●	●		
衰弱期	●	●									●	●

地植的紫錐花，開花性較強。

朝鮮薊
Artichoke

別名：菜薊
學名：*Cynara cardunculus*
屬性：多年生草本植物
原產地：歐洲地中海沿岸地區

植物特徵

根出葉型，葉大且肥厚，羽狀深裂，銀綠色，葉緣帶有尖刺。莖直立，短縮，披灰白色絨毛。頭狀花序，接近球形，全部為管狀花，紅紫色。果為瘦果，橢圓形，褐色。主要分為法國及義大利品種兩類。

主要開花期在春末夏初。

生活應用

主要食用部位為花卉中的花蕾，花托與苞片可以用水煮熟後，沾鹽巴或是醬汁直接食用，有降低膽固醇的功效。另外碩大的植株，在庭園造景中非常有特色，並且會在開花期形成特殊的景觀。

朝鮮薊的花蕾。

葉緣帶有尖刺。

栽種條件

日照環境	全日照
供水排水	乾燥後供水，排水須順暢
土壤介質	一般壤土即可
肥料供應	可於開花期追加海鳥磷肥，以促進開花
繁殖方法	播種為主
病蟲害防治	病蟲害不多，但要經常修剪枯黃葉片

年中管理

月份	1	2	3	4	5	6	7	8	9	10	11	12
發芽期	●	●									●	●
成長期	●	●	●	●	●	●						●
開花期				●	●	●						
衰弱期						●	●	●				

阿里山油菊
Alisan Chysanthemum

別名：阿里山菊
學名：*Dendranthema arisanense*
屬性：多年生草本植物
原產地：台灣

植物特徵

葉對生，羽狀複葉，莖部葉為淺裂，上部葉為深裂狀，有葉炳。莖具匍匐性，或呈斜升成長狀態，多分枝，初期被有細絨毛，後變無毛，會木質化。花於莖枝頂端成複繖房花序，開黃色花。

生活應用

新鮮花朵可以沖泡成香草茶，藥用上將乾燥的花、葉加入藥膏中塗抹患處，具有消炎、殺菌的作用。佈置方面能運用在插花、押花等，更可以整片種植在花園，開花期一片黃色花海，相當顯眼壯觀。

複繖房花序。

阿里山油菊是台灣特有原生種植物。

栽種條件

日照環境	全日照
供水排水	乾燥時再供水，排水要保持順暢
土壤介質	一般壤土即可
肥料供應	地植為主，可在定植時施加基礎氮肥，開花期前施加海鳥磷肥
繁殖方法	種子、扦插
病蟲害防治	病蟲害較少，但必須經常修剪，保持通風

年中管理

月份	1	2	3	4	5	6	7	8	9	10	11	12
發芽期	●	●									●	●
成長期		●	●	●	●	●						
開花期			●	●	●	●						
衰弱期							●	●	●	●		

經常修剪，可讓植株成長更好。

鼠麴草
Cudweed

別名：黃花麴草、清明草
學名：*Gnaphalium affine*
屬性：多年生草本植物
原產地：東亞及東南亞

植物特徵

具有類似茼蒿的香氣。葉互生，狹長，帶有白色綿毛。莖單獨直挺。頭狀花序，密集叢生，開鮮黃色花，幾乎全年都可以開花，但以冬、春兩季最明顯。開花後種子會形成自播，在農田四周及郊外山區，成野生成長狀態。

生活應用

主要為食用。將嫩葉或幼苗用水洗淨，再以沸水燙熟，搭配喜歡的調味料，即可品嘗。鼠麴草也是傳統糕點如草仔粿的材料，將嫩莖葉及幼苗洗淨後搗碎，加入糯米漿團中，就可做出熟悉的美味。

生命力旺盛，經常形成自播現象。

栽種條件

日照環境	半日照到全日照皆可
供水排水	自行成長不須特別供水
土壤介質	一般壞土即可
肥料供應	可自行吸收土壤中養分
繁殖方法	自然形成自播現象。
病蟲害防治	植株強壯，病蟲害不多

年中管理

月份	1	2	3	4	5	6	7	8	9	10	11	12
發芽期	●			●	●					●	●	●
成長期	●	●	●	●	●	●				●	●	●
開花期		●	●	●	●							
衰弱期							●	●	●			

鼠麴草是清明節製作糕點的原料，所以又稱為「清明草」。

萬壽菊
African Marigold

別名：臭芙蓉
學名：*Tagetes erecta*
屬性：一年生草本植物
原產地：中南美洲

植物特徵

葉對生，披針形，羽狀全裂，葉緣具有鋸齒。莖直立，深綠色，底基部會木質化。花為頭狀花序，大朵著生於枝頂，花有黃、橙等色，花期主要在秋末到春季。全株散發比較不討喜的氣味，因此又有「臭芙蓉」的別稱。

生活應用

早期引進台灣時主要用來觀賞，安全島、花壇經常可見其蹤跡。含有豐富的葉黃素，對於心血管硬化等有幫助，美國將其萃取出來運用在化妝品、飼料、醫藥、水產品等用途。近年則被大量用於保健食品的研發和生產方面。

圖片提供／吳昭祥

萬壽菊可用來佈置花壇。

栽種條件

日照環境	半日照到全日照
供水排水	土壤即將乾燥時供水，排水要順暢
土壤介質	一般壤土及培養土皆可
肥料供應	定植或換盆時添加有機氮肥當基礎肥
繁殖方法	播種為主
病蟲害防治	植株強壯，病蟲害不多

年中管理

月份	1	2	3	4	5	6	7	8	9	10	11	12
發芽期	●	●									●	●
成長期	●	●	●	●	●							●
開花期	●	●	●									●
衰弱期						●	●	●	●			

萬壽菊也可作為忌避植物。

同屬品種

孔雀草
French Marigold

別名：細葉萬壽菊
學名：*Tagetes patula*

植物簡介

葉對生或互生，羽狀裂葉，與萬壽菊相同。
莖直立，花為頭狀花序，根部會散發天然硫
化物，可以驅趕土壤中的害蟲。

花朵較萬壽菊小。金黃
色的花卉，極像孔雀開
屏般美麗，因而命名。

主要作為觀賞性香草，
同時也有忌避作用。

甜萬壽菊
Sweet Marigold

別名：墨西哥龍艾
學名：*Tagetes lucida*

植物簡介

葉全緣，披針狀，不同於
一般萬壽菊的羽狀葉。花
金黃色單瓣，具有茴香
味。栽培上除了播種，扦
插也相當容易，發根率極
高，可選擇在春、秋兩季
進行。

花朵外型與芳香萬壽菊
極為相似。

甜萬壽菊的開花性很強。

同屬品種

芳香萬壽菊
Lemon Mint Marigold

別名：香葉萬壽菊
學名：*Tagetes lemmonii*

植物簡介

花型近似甜萬壽菊，但比甜萬壽菊更容易栽培與照顧，也有忌避作用，能與其他香草或蔬菜達到共生效果。葉與花可單獨沖泡成香草茶，香氣接近百香果。

葉片深裂，揉搓之後，散發類似百香果的香氣。

往往會成叢生狀態，主要在冬季開花，適合庭園栽培。

香草小常識

Q 萬壽菊屬的植物通常作為觀賞用，還有其他用途嗎？

萬壽菊最早引進台灣就是作為觀賞用途，特別是萬壽菊及孔雀草經常被種在花壇或安全島，花色豐富，有黃、橙及暗紅色等，是冬季花卉的代表。

由於是一年生草本，通常在開花後就會漸漸枯萎。甜萬壽菊與芳香萬壽菊還可以泡成香草茶，前者類似沙士味，後者則類似百香果味，由於香氣獨特，不一定每個人都可以接受，初期可以從少量開始嘗試。

芳香萬壽菊。

西洋蒲公英
Common Dandelion

別名：歐洲蒲公英
學名：*Taraxacum officinale*
屬性：多年生草本植物
原產地：歐洲

植物特徵

根出葉型，具有長葉柄，披針形，葉緣帶鋸齒狀，葉先端鈍尖或銳尖。莖短縮，花梗由底端伸出，頭狀花序，金黃色花。種子成熟時展開成球狀，藉由風力飛翔自播。

生活應用

嫩葉和花朵可加入沙拉直接生食，味道類似茼蒿而略帶苦味。也可切碎加入絞肉中，油炸成丸子。花可直接浸漬於酒、醋中，增加色澤及口感。根部陰乾乾燥後，加以切段，經過煎培能製作出類似咖啡香氣的蒲公英茶，也就是俗稱的「代咖啡」。

葉緣很像獅子的牙齒，為英文名「Dandelion」的由來。

生命力強，是西洋蒲公英最大特色。

栽種條件

日照環境	全日照
供水排水	即將乾燥時再供水，排水要順暢
土壤介質	一般壤土及培養土皆可
肥料供應	春秋兩季追加氮肥，開花期前追加海鳥磷肥
繁殖方法	播種為主
病蟲害防治	病蟲害不多

年中管理

月份	1	2	3	4	5	6	7	8	9	10	11	12
發芽期			●	●	●							
成長期			●	●	●	●	●	●	●	●		
開花期			●	●	●	●	●	●	●			
衰弱期	●	●									●	●

全株花、葉、根皆可使用。

西洋蓍草
Yarrow

別名：千葉蓍
學名：*Achillea millefolium*
屬性：多年生草本植物
原產地：歐洲及西亞等地區

植物特徵

葉互生，無葉柄，披針形，邊緣呈淺裂狀。莖直立，全株被有細絨毛。花為頭狀花序，在莖頂呈繖房型開出；花主要為白色，也有粉紅色品種。

在花藝設計如插花、押花的運用也相當廣泛。

生活應用

早期人們會將新鮮的葉片揉碎，用於止血及治療外傷，早在希臘神話中就以「止血草」而著名。嫩葉有辛辣味，可少量加入沙拉，或是做成炸物。因為具有通經作用，孕婦應避免使用。

葉纖細，葉緣帶淺鋸齒。

自古以來，即以「止血」功效而著名。

栽種條件

日照環境	半日照到全日照皆可
供水排水	喜愛較為潮濕的環境
土壤介質	一般壤土及培養土皆可
肥料供應	可於春秋兩季追加氮肥，以利成長
繁殖方法	播種、分株
病蟲害防治	病蟲害不多，但要經常修剪枯黃葉片，保持通風順暢

年中管理

月份	1	2	3	4	5	6	7	8	9	10	11	12
發芽期	●	●									●	●
成長期	●	●	●	●	●	●				●	●	●
開花期		●	●	●								
衰弱期							●	●	●			

春末夏初左右，綻放美麗的白花。

台灣澤蘭
Taiwan Agrimony

別名：山澤蘭
學名：*Eupatorium formosanum Hayata*
屬性：多年生草本植物
原產地：台灣

植物特徵

葉對生，具有葉柄，為披針形，表面略顯粗糙，葉先端尖銳。莖呈匍匐狀。複繖花序，花為筒狀，花冠白色。花期很長，主要在春末到整個夏季。

生活應用

早期在台灣多為野生成長狀態，為蜜蜂與蝴蝶的蜜源植物。藥用方面，全株煎服有消炎、解熱功效。由於花期很長，也適合當作觀賞植物，或是做押花。

栽種條件

日照環境	半日照到全日照皆可
供水排水	乾燥後供水，排水要順暢
土壤介質	一般壤土即可
肥料供應	不須肥料地植，也可成長很好
繁殖方法	播種、分株與壓條
病蟲害防治	植株強壯，病蟲害不多。

年中管理

月份	1	2	3	4	5	6	7	8	9	10	11	12
發芽期	●	●									●	●
成長期	●	●	●	●	●	●				●	●	●
開花期			●	●	●	●						
衰弱期							●	●	●			

圖片提供／吳昭祥

為台灣特有種植物。

咖哩草
Curry Plant

別名：義大利蠟菊
學名：*Helichrysum italicum*
屬性：多年生草本植物
原產地：南歐

植物特徵

葉狹長細小，呈針狀，對生，銀白色。莖直立，基部會木質化，常因過分延伸而橫生傾倒。開黃褐色花，在夏季以頭狀花序長出。

生活應用

主要用途為提煉精油，具有抗菌的功效。葉具有咖哩香氣，可以作為湯頭或燉菜，但入味後就必須取出，否則會有苦味產生。花朵乾燥後能保存長久不變色，因此有「永久花」及「不凋花」之稱。

咖哩草具有美麗的常綠銀葉。

全株具有咖哩般的香氣，因而命名。常常被誤以為是咖哩的原料。

栽種條件

日照環境	全日照
供水排水	乾燥才供水，排水要順暢
土壤介質	一般壤土及培養土皆可
肥料供應	可於春秋兩季追加氮肥，以利成長
繁殖方法	扦插為主
病蟲害防治	病蟲害不多

年中管理

月份	1	2	3	4	5	6	7	8	9	10	11	12
發芽期	●	●										●
成長期			●	●	●	●						
開花期				●	●	●						
衰弱期							●	●	●			

在國外多作為乾燥花，應用於花藝。開花須要冬季有一定時間的低溫，因此台灣平地較不容易開花。

天芥菜
Heliotrope

別名：香水花
學名：*Heliotropium arborescens*
屬性：常綠亞灌木
原產地：南美洲

植物特徵

葉互生，卵形，葉背披有短絨毛，深綠色。莖直立，多分枝，會木質化。頂生複聚繖花序，花為深紫色，另外也有白花的品種。花朵散發強烈香氣，花期主要在秋冬之際。

生活應用

主要作為秋冬之際的盆花和花壇觀賞植物。花卉帶有香氣，在早期從南美洲引進歐洲後，就經常被蒸餾作為香水原料，後來天然精油漸漸被人工合成香料所取代，直到近代因崇尚自然，人們又逐漸使用。但全株具有毒性，要避免食用。

栽種條件

日照環境	全日照
供水排水	乾燥後供水，排水須順暢
土壤介質	一般壤土即可
肥料供應	可於春秋兩季追加氮肥
繁殖方法	播種、扦插
病蟲害防治	病蟲害不多，但要經常修剪，保持通風

年中管理

月份	1	2	3	4	5	6	7	8	9	10	11	12
發芽期										●	●	●
成長期	●	●	●	●	●					●	●	●
開花期	●	●	●								●	●
衰弱期							●	●	●			

深紫色的花卉，帶有濃郁香氣，因此又有「香水花」的別稱。

圖片提供／吳昭祥

琉璃苣
Borage

別名：玻璃苣
學名：*Borago officinalis*
屬性：一年生草本植物
原產地：歐洲地中海沿岸地區

植物特徵

葉對生，呈橢圓形，類似牛舌，相當肥厚，披粗絨毛。莖短而直立，總狀花序，花朵星形，呈下垂狀，有5片花瓣，綻放初為粉紅略紫，然後完全轉為天藍色，另外也有白花品種。花朵凋謝後會結出黑色的種子，大小形狀與米粒極相似。

生活應用

葉可食用，具有小黃瓜般的香氣，但葉片的絨毛刺刺的，較難直接入口，可以選擇嫩葉使用，作法上可加入沙拉、搭配蔬菜一起烹調，或是剁碎後與絞肉混合。

琉璃苣花朵會變色。

琉璃苣的花朵可運用於押花、插花等佈置。

葉片具有類似小黃瓜的香氣。

栽種條件

日照環境	全日照尤佳
供水排水	喜歡稍微潮濕的環境，但排水要順暢
土壤介質	一般壤土或培養土皆可，地植成長尤快
肥料供應	可於秋季追加氮肥，春季開花期前追加海鳥磷肥
繁殖方法	播種為主，可自然形成自播現象
病蟲害防治	隸屬一年生香草，無法過夏，可等中秋節過後再播種

年中管理

月份	1	2	3	4	5	6	7	8	9	10	11	12
發芽期	●	●									●	●
成長期	●	●									●	●
開花期			●	●	●							
衰弱期							●	●	●	●		

琉璃苣是春季代表性的一年生香草植物。

康復力
Comfrey

別名：聚合草
學名：*Symphytum officinale* Linn.
屬性：多年生草本植物
原產地：歐洲

植物特徵

葉互生，卵狀披針形，葉的先端漸尖，葉片碩大，表面披細絨毛，屬於根出葉型，葉直接從根生成叢狀，葉柄呈翼狀。莖短縮。花為筒狀，有白、黃、紫等花色品種。

圖片提供／吳昭祥

生活應用

在歐洲原產地多當作馬飼料，使馬匹恢復體力，現代人常將嫩葉放入果汁機攪拌後，做成精力湯，嫩葉還可製作油炸天婦羅。但因為具有高生物鹼，盡量避免長期大量食用。藥用上將全株乾燥後煎服，有補血、止瀉的功效。

葉面披細絨毛。

筒狀花朵。

圖片提供／張元聰

栽種條件

日照環境	全日照
供水排水	乾燥後澆透，排水須順暢
土壤介質	一般壤土即可，地植尤佳
肥料供應	可於春季追加氮肥，以利成長
繁殖方法	播種、分株
病蟲害防治	植株強壯，病蟲害不多

年中管理

月份	1	2	3	4	5	6	7	8	9	10	11	12
發芽期	●	●										●
成長期	●	●	●	●	●	●						
開花期		●	●	●								
衰弱期							●	●	●	●		

葉直接從根生成叢狀。

蒜香藤
Garlic Vine

別名：紫鈴藤
學名：*Pseudocalymma alliaceum*
屬性：常綠木質藤本
原產地：南美洲

植物特徵

葉對生，橢圓形，先端尖，鮮綠色。莖具有蔓爬性，幼莖呈綠色，老化會木質化。花為聚繖狀花序，腋生，花朵密集，並且延著枝葉開出。通常成長愈久的老株開的花會比新株多且密集。

生活應用

主要作為觀花用途，花初開時為粉紫色，慢慢轉為粉紅色，最後變成白色而凋謝。一般常作為花籬笆、圍牆美化或是棚架的裝飾。花、葉都具有大蒜味，食用上花朵能代替大蒜，與肉類料理一起煎炒，唯獨葉的質地較厚，並不適合食用。

蒜香藤屬蔓性植物，栽培時需設立棚架供攀爬。

葉質地較厚，不適合食用。

栽種條件

日照環境	全日照環境尤佳
供水排水	喜愛較為濕潤的場所，但排水還是要順暢
土壤介質	不限土壤
肥料供應	可於春秋兩季同時補充有機氮肥及海鳥磷肥
繁殖方法	扦插為主
病蟲害防治	較無病蟲害，但要經常修剪枝葉，以保持通風

月份	1	2	3	4	5	6	7	8	9	10	11	12
發芽期			●	●	●					●	●	
成長期	●	●	●	●	●					●	●	●
開花期			●	●	●							
衰弱期						●	●	●	●			

圖片提供／尤次雄

由於花及葉帶有類似大蒜的味道，因而得名。

香菫菜
Wild Pansy

別名：野生三色菫
學名：*Viola tricolor*
屬性：一年生草本植物
原產地：歐洲、亞洲與北非等地區

葉對生，具短柄，葉片狹小。從葉腋中挺出花莖。花朵較小，顏色豐富，有白、紫、粉紅、黃及綜合等多達10餘種的花色。香菫菜以原生香菫菜Sweet Violet（*Viola odorata*）為代表性，但目前在台灣多以Wild Pansy（*Viola tricolor*）的品種為主。主要原因在於花色眾多，接受度較高。

生活應用

色彩繽紛的美麗花卉，非常具有觀賞價值。佈置上可採摘花朵製做押花與花束。近年來食用花卉風潮興起，香菫菜被運用於生菜沙拉、點綴糕點、製成果凍、冰塊，不僅美觀又可口。

花卉具有淡淡香氣。

花色豐富，以紫黃相間的品種最受歡迎。

栽種條件

日照環境	全日照
供水排水	即將乾燥時供水，排水要順暢
土壤介質	一般壤土及培養土皆可
肥料供應	可於秋季施加有機氮肥，以利成長
繁殖方法	播種為主
病蟲害防治	隸屬一年生香草，無法過夏，可等中秋節過後再播種

年中管理

月份	1	2	3	4	5	6	7	8	9	10	11	12
發芽期	●										●	●
成長期	●	●	●		●						●	●
開花期	●	●		●	●	●						
衰弱期							●	●	●	●		

香菫菜為春天的庭園增添豐富的色彩。

香水樹
Ylang Ylang

別名：伊蘭伊蘭
學名：*Cananga odorata*
屬性：常綠喬木
原產地：東南亞

植物特徵

葉互生，長橢圓形，先端略尖，葉緣帶波狀，葉柄帶有短毛。莖直立，形成樹幹，樹皮灰色且具有光澤。花腋出，數朵簇生，花瓣6枚，形成帶狀，初開為淡綠色，成熟轉為黃色，花朵具有芳香。

生活應用

主要用途是採摘鮮花供蒸餾萃取精油，並作為高級香水的原料，富含天然花精及甘甜成分，氣味芬芳，受女性喜愛。此外具有催情效果，甚至被認為有助催孕，印尼的民俗習慣將新鮮花瓣灑在新婚之夜的床鋪，就是明顯的例子。

栽種條件

日照環境	全日照環境為佳
供水排水	地植不用時常供水，但排水要順暢。盆植須較大盆具，並等植株乾燥再供水
土壤介質	一般壤土即可
肥料供應	可於春秋兩季追加氮肥
繁殖方法	扦插為主
病蟲害防治	植株強壯，病蟲害不多

年中管理

月份	1	2	3	4	5	6	7	8	9	10	11	12
發芽期		●	●	●								
成長期		●	●	●	●	●	●	●	●	●		
開花期			●	●	●	●						
衰弱期	●										●	●

花卉是主要的香氣來源。

開花期主要集中在春季。

南嶺蕘花
Indian Wikstroemia

別名：山埔銀、山黃皮
學名：*Wikstroemia indica*
屬性：常綠小灌木
原產地：台灣、中國大陸、東南亞

植物特徵

單葉對生，無葉柄，葉片為長橢圓形。莖直立，多分枝，嫩枝為紅褐色，被有柔毛，花色為黃至黃綠色，頂生總狀花序。果實呈卵形，成熟時轉為紅色。

生活應用

主要作為藥用，運用部位為莖、葉。將葉搗碎敷用於外傷傷口，具有消腫功效。枝葉所含的黏液可作為糊料。佈置方面可種植盆栽觀賞或是作為花藝素材。

屬於台灣原生品種，由於葉花造型獨特，目前園藝業者正積極培育中。

成熟的紅色果實。

葉橢圓形，嬌小可愛，類似小葉到手香。

栽種條件

日照環境	半日照或全日照
供水排水	土壤即將乾燥時供水，排水須順暢
土壤介質	以壤土為主
肥料供應	春秋兩季追加氮肥，以利成長
繁殖方法	扦插為主
病蟲害防治	病蟲害不多，但須經常修剪以保持通風

年中管理

月份	1	2	3	4	5	6	7	8	9	10	11	12
發芽期	●	●									●	●
成長期			●	●	●	●						
開花期			●	●	●	●						
衰弱期							●	●	●	●		

細本山葡萄
Taiwan wild grape

別名：野葡萄
學名：*Ampelopsis thunbergii*
屬性：多年生蔓性藤本植物
原產地：東亞

植物特徵

心形葉，互生，具有短葉柄，葉緣淺裂至深裂，葉背有鏽色絨毛。莖匍匐下垂蔓爬生長。聚繖花序，開黃綠色小花。果實球形，最初為綠白色，成熟轉為黑紫色。

生活應用

山葡萄的果實具有毒性，不可食，但可作藥用，榨汁塗抹於皮膚，是治療腫毒及惡瘡的良藥。藤莖煎煮後飲用，可清熱解毒、利尿消炎。

栽種條件

日照環境	半日照最佳
供水排水	土壤即將乾燥時供水，排水要順暢
土壤介質	一般壤土為主
肥料供應	定植施用基礎氮肥，開花期前則加海鳥磷肥
繁殖方法	播種、扦插
病蟲害防治	病蟲害不多，但忌諱高溫多濕的夏季，入夏前要加以修剪

年中管理

月份	1	2	3	4	5	6	7	8	9	10	11	12
發芽期	●	●									●	●
成長期	●	●	●	●	●							
開花期					●	●	●	●				
衰弱期								●	●	●		

山葡萄自成一屬，與一般葡萄不同，主要為觀賞性。

心形葉與一般的食用葡萄非常相似。

巴西胡椒木
Brazilian Peppertree

別名：巴西乳香、乳香黃蓮木
學名：*Schinus terebinthifolius* Radd
屬性：常綠喬木
原產地：南美巴西地區

植物特徵

葉為卵狀長橢圓形，互生，奇數複葉，具有葉柄。莖直立，會形成樹幹，上有垂直的深裂痕，樹皮灰白，分枝多。花呈圓錐花序，生於枝頂或葉腋，花朵小，紅色，花瓣5片。果實球形，為鮮紅色。

生活應用

主要作為庭園樹和行道樹。由於耐鹽性強，能適應海岸環境。台灣北部以關渡附近種植最多。除了觀賞與作防風林，也可藥用，樹皮與葉可以萃取汁液，加入藥膏中，對流血性外傷及一般性發炎有幫助。市售彩色胡椒粒裡的紅胡椒用的就是巴西胡椒木的果實。

栽種條件

日照環境	全日照
供水排水	多種植在水邊，但排水還是要順暢
土壤介質	砂質壤土最佳
肥料供應	地植為主，可在定植時施加基礎氮肥
繁殖方法	扦插為主
病蟲害防治	病蟲害較少，但必須經常修剪

年中管理

月份	1	2	3	4	5	6	7	8	9	10	11	12
發芽期	●	●									●	●
成長期		●	●	●	●	●	●					
開花期				●	●	●	●	●				
衰弱期									●	●	●	

與胡椒科的胡椒並沒有任何關係，只因為果實像胡椒，且植株乳汁也有香味，因此才被稱為「巴西胡椒木」或是「巴西乳香」，是巴西著名的喬木香草植物。

圖片提供／吳昭祥

細香蔥
Chives

別名：蝦夷蔥
學名：*Allium schoenoprasum*
屬性：多年生草本植物
原產地：歐洲及北美

植物特徵

綠葉極細，呈中空圓筒狀。具有卵圓形小鱗
莖。花莖頂生呈筒狀，繖形花序，花朵主要
為紅紫色，有時也會開出白花。少結果實。

生活應用

利用部位為莖、葉及花
穗。莖葉可用於拌麵、
煮湯、炒菜、火鍋沾料
等，或是作為沙拉及焗
烤料理的點綴。花卉可
做成乾燥花束，或是與
其他香草浸漬成香草
醋。為西洋料理中不可
或缺的香草。

細香蔥的花既可觀
賞，又可食用。

極細的綠葉為
中空圓筒狀。

細香蔥鱗莖。

栽種條件

日照環境	全日照
供水排水	土壤乾燥後再一次澆透，排水要順暢
土壤介質	砂質壤土最佳
肥料供應	可在定植時施加基礎氮肥
繁殖方法	播種、分株
病蟲害防治	病蟲害較少，但特別要注意通風

年中管理

月份	1	2	3	4	5	6	7	8	9	10	11	12
發芽期	●	●									●	●
成長期	●	●	●	●	●	●						
開花期			●	●	●							
衰弱期							●	●	●	●		

綠葉分蘗性強，由基部生長出來。

開紅紫色花，但若夏季溫度
過高，花色會變為粉紅色。

月桂
Bay tree

別名：桂冠樹
學名：*Laurus nobilis* L.
屬性：常綠喬木
原產地：歐洲及小亞細亞等地區

植物特徵

葉片深綠色，呈長披針形，質地厚，中脈明顯，附短葉柄，揉碎具有甘甜的香氣。樹幹木質直立。花朵較小略帶黃白色，集生於葉腋。雌雄異株，雌株在秋季結成暗褐色的果實。

生活應用

月桂可在春天直接採收葉片，將新鮮葉片加入香草束中，或是與肉類料理搭配，增加食物的香氣與口感。有促進食慾、幫助消化及舒緩腹痛等功效。芳香上可蒸餾為精油，製成香水或加入化妝品。

台灣栽培較少開花。

生鮮的月桂葉片較為清香。

栽種條件

日照環境	全日照
供水排水	喜歡較為潮濕的環境，但排水還是要順暢
土壤介質	一般壤土即可
肥料供應	成長緩慢，可在春季時施加基礎氮肥
繁殖方法	播種、扦插
病蟲害防治	病蟲害較少，但必須經常修剪以保持通風

年中管理

月份	1	2	3	4	5	6	7	8	9	10	11	12
發芽期	●	●									●	●
成長期			●	●	●	●						
開花期			●	●	●							
衰弱期							●	●	●	●		

乾燥葉片較為濃郁。

肉桂
Chinese cinnamon

別名：玉桂
學名：*Cinnamomum cassia*
屬性：常綠喬木
原產地：東亞及南亞

植物特徵

葉為長橢圓形，互生。莖木質直立，樹皮灰褐色，全株具強烈辛辣芳香味。花朵頂生或腋生，開黃白色花，聚繖花序。果實為橢圓形，成熟轉為紫黑色。

生活應用

食用方面，主要是將肉桂的樹皮加工，製成棒狀或研磨成粉狀，作為料理的調味料，也經常添加於烘焙及甜點中。藥用稱為「桂皮」，為中國傳統中藥材，有驅風健胃、袪散寒、止痛等功效。另外也可以蒸餾成精油，運用於加工品中。

肉桂葉與月桂葉有時會令人混淆，可從葉脈觀察，肉桂可明顯看到葉面有 3 條中脈；而月桂的頁面僅有一條中脈。

栽種條件

日照環境	全日照
供水排水	喜歡較為潮濕的環境，但排水還是要順暢
土壤介質	一般壤土即可
肥料供應	以地植為主，並在定植時施加基礎氮肥
繁殖方法	播種、扦插
病蟲害防治	病蟲害較少，但必須經常修剪，以促進分枝

年中管理

月份	1	2	3	4	5	6	7	8	9	10	11	12
發芽期	●	●								●	●	●
成長期			●	●	●	●						
開花期			●	●	●							
衰弱期							●	●	●			

肉桂主要是被做為香料廣泛使用。

肉桂葉也可連樹皮一起蒸餾成精油。

從古埃及時代，肉桂就是保存木乃伊的原料之一，運用歷史非常悠久。

越南芫荽
Vietnamese Coriander

別名：越南香菜
學名：*Persicaria odorata*
屬性：多年生草本植物
原產地：東南亞

植物特徵

葉互生，深綠色，長橢圓形，葉端尖，表面帶有紅褐色斑紋。莖略帶紅色，具匍匐性，多分枝。花五瓣，淡粉紅色，穗狀花序。因為全株帶有類似芫荽的香氣，因而得名。

生活應用

搓揉葉片會散發濃厚的芫荽味道，是越南人烹調食物喜歡運用的香草，通常會添加於沙拉，或是作春捲中的調味。另外在河粉中也經常直接加入新鮮葉片。馬來西亞及新加坡則會以切碎的越南芫荽，製作名叫「叻沙湯」的獨特料理。

狹長葉片帶有芫荽氣味，是最大的特徵。

由於越南餐廳在台灣越來越多，相對地越南芫荽的使用也更加普遍。

栽種條件

日照環境	全日照
供水排水	喜歡較為潮濕的環境，但排水要順暢
土壤介質	一般壤土即可
肥料供應	可在定植時施加基礎氮肥
繁殖方法	播種、扦插、壓條
病蟲害防治	病蟲害較少，但必須經常修剪，保持通風

年中管理

月份	1	2	3	4	5	6	7	8	9	10	11	12
發芽期			●	●	●							
成長期				●	●	●	●	●	●	●		
開花期									●	●		
衰弱期	●	●									●	●

越南芫荽在台灣由於氣候合適，非常容易成長。

酸模
Sorrel

別名：野菠菜
學名：*Rumex acetosa*
屬性：多年生草本植物
原產地：歐洲和西亞

單葉，根出葉型，具長柄，葉柄直立，表面光滑，葉呈披針狀或長橢圓箭形，往外平展。花頂生，雌雄異株；圓錐花序，花小，不容易開花。果實為紫棕色，稍具光澤。

生活應用

葉片含有維他命A和C、鎂、鉀，以及豐富的鐵質。嫩葉可添加於沙拉，或是像烹飪菠菜一樣用於煮湯，生鮮葉片剁碎加入醬料中，有點類似蔥蒜，可增加口感。例如酸模湯就是典型的歐洲傳統食物，有利尿、助消化和預防壞血症的作用。

光滑的葉面。

在歐洲很早就是著名的蔬菜。

栽種條件

日照環境	半日照到全日照環境
供水排水	土壤乾燥時再進行供水，排水須順暢
土壤介質	以砂質壤土最佳
肥料供應	春秋兩季施加基礎氮肥
繁殖方法	播種、分株
病蟲害防治	蟲害較多，可用有機法加以防治

月份	1	2	3	4	5	6	7	8	9	10	11	12
發芽期	●	●									●	●
成長期	●	●	●	●	●	●						
開花期			●	●	●							
衰弱期							●	●	●	●		

酸模葉如果成長得好，長度可達 10～20 公分。

小酸模
Sheep Sorrel

學名：*Rumex acetosella*

植物簡介

與酸模最大不同，在於葉片較為細小。小花肉質在花序上輪生，或不規則著生。食用上可將葉片先川燙，去除酸味後再行烹煮。另外全株也可煎服，有幫助發汗功效。

葉片雖然較小，但與酸模都具有酸味。

紅脈羊蹄
Bloody Dock

葉厚質多肉，呈長箭形。

別名：紅酸模
學名：*Rumex sanguineus*

植物簡介

葉厚質多肉，呈長箭形，與酸模一樣呈叢生的狀態，不同之處在於葉脈上帶有紅色成分，並且是雌雄同株。嫩葉可以添加於肉類料理，雖含有草酸成分，但經過烹調後成分會降低，口感上也會變得溫和。全株同樣具有清熱利尿的功效。

葉脈上帶有紅色成分。

同屬品種

皺葉羊蹄
Curled Dock

別名：皺葉酸模
學名：*Rumex crispus*

植物簡介

葉形接近酸模，但葉緣有明顯的皺褶。栽培方式大致與酸模一樣，其中老葉經常枯黃，所以要經常加以修剪。蟲害較多，但只要定期噴灑辣椒水或葵無露即可。運用方式同酸模。

花初開為綠紫色，果實成熟後為深褐色。

葉緣有明顯的皺褶，因而得名。

香草小常識

酸模在國外相當受歡迎，在國內如何料理比較合適？

國外屬於酸性的蔬菜較少，因此在料理中多會添加酸模來增加酸味。國內相對的酸類蔬菜較多，因此對酸模較為陌生。

食用方法簡單，只要將嫩葉撕碎，添加於沙拉即可食用。若覺得太酸，可以用牛肉片或豬肉片包上一片酸模，以涮涮鍋方式食用，口感獨特，但烹調時間不宜過久，以免失去原味。

紅脈羊蹄。

虎杖
Tiger Stick

別名：紅川七
學名：*Polygonum cuspidatum*
屬性：多年生草本植物
原產地：中國大陸南部及東亞地區

植物特徵

葉為卵形，互生，葉的先端尖銳，葉緣無鋸齒，葉面光滑，但葉脈上有毛。搓揉葉子會帶有黏膜。莖如竹節般，上面帶有斑紋，因而得名。莖粗壯，直立成長。花為圓錐花序，白花，花朵較小。果實為瘦果，具光澤，成熟時為鮮艷的桃紅色。

生活應用

除了可供作觀賞用途，食用上嫩莖可當蔬菜，根部在中藥名為「川七」，浸泡在涼水中放入冰箱，是清涼解暑的飲料，或將其浸於酒中飲用，能鎮痛、解毒。藥用方面，將葉搗碎敷在跌打傷處，可舒緩疼痛。

栽種條件

日照環境	全日照
供水排水	喜歡較為潮濕的環境，但排水須順暢
土壤介質	一般壤土即可
肥料供應	可在定植時施加基礎氮肥
繁殖方法	播種、扦插
病蟲害防治	病蟲害較少，但要注意通風

年中管理

月份	1	2	3	4	5	6	7	8	9	10	11	12
發芽期	●	●									●	●
成長期			●	●	●	●						
開花期			●	●	●							
衰弱期							●	●	●	●		

桃紅色果實。

花為雌雄異株。

同屬品種

香蓼
Knotweed

別名：辣蓼

學名：*Polygonum viscosum*

植物簡介

為一年生的挺水植物。葉披針形，具絨毛。花頂生呈穗狀，花為紅或粉紅色。由於生命力強，可適應一般壤土，廢棄稻田常發現其蹤跡。植株具有辣椒般的氣味，因而得名。常作為烹調魚類的調味品。藥用上利用乾燥葉片煎服，有消腫止痛的作用。

葉片成長茂密，非常適合於台灣成長。

何首烏
Heshouwu

別名：多花蓼、紫烏藤

學名：*Polygonum multiflorum*

植物簡介

葉片卵形，根部頂端有膨大的長橢圓形。花序圓錐狀。植物的塊根、藤莖及葉均可供藥用，另外還有台灣何首烏品種，與傳統中藥的何首烏是近親品種，其中差別在台灣何首烏並沒有肥大的地下塊根。在民俗療法中，大多用於煎服，以緩解各種疼痛。另外也有緩解感冒、咳嗽等功效。

卵形葉片。

多年生藤本植物，莖纏繞。

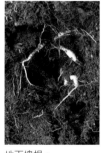

地下塊根。

大葉穀精草
Pipewort

學名：*Eriocaulon sexangulare* L.
屬性：多年生草本植物
原產地：台灣及東亞地區

植物特徵

線狀長披針形葉，叢生狀，葉端漸尖。屬於地下塊莖。花朵帶有花莖，頂生，頭狀花序，卵狀球形，花白色。種子卵圓形，為褐黃色。整個植株具有挺水性。

生活應用

由於成長相當快速，加上花朵非常小巧可愛，相當具有觀賞價值，多被種植於池塘邊，以增加庭園趣味。在藥用方面，主要是將葉片曬乾後煎服，具有祛風散熱，明目等功效。

帶有長花莖。

白色花小巧可愛，具觀賞價值。

栽種條件

日照環境	半日照到全日照環境
供水排水	喜歡較為潮濕的環境
土壤介質	一般壤土即可
肥料供應	可在春秋兩季施加基礎氮肥
繁殖方法	分株為主
病蟲害防治	病蟲害並不多，但必須注意通風

年中管理

月份	1	2	3	4	5	6	7	8	9	10	11	12
發芽期	●	●									●	●
成長期			●	●	●	●						
開花期			●	●	●	●						
衰弱期							●	●	●	●		

被視為台灣原生種，經由園藝業者大力栽培，可常在花市見到其蹤跡。

月桃
Shell-flower

別名：玉桃
學名：*Alpinia zerumbet*
屬性：多年生草本植物
原產地：東亞

植物特徵

葉大片，披針形，葉緣生有細毛，葉鞘長。花漏斗狀，圓錐花序，呈下垂性開花，花大型黃色，具有紅點及條斑。果實為蒴果，卵圓形，花期在5～6月，果期約在7～9月。

生活應用

早在日據時代，人們就使用月桃莖狀的葉鞘，曬乾後製成草蓆或繩索。也有人用月桃葉在端午節包粽子。同時也可作為觀賞、佈置與插花用途。

果實會形成自播，在春末夏初發芽。

月桃生長力強，在台灣各地的山區經常可看到野生族群，也是蝴蝶幼蟲的食草。

栽種條件

日照環境	半日照～全日照
供水排水	喜愛較為濕潤陰涼的場所，在大樹下可自行野生成長
土壤介質	不限土壤
肥料供應	不須肥料，可自行吸取土壤的養分
繁殖方法	種子自播成長
病蟲害防治	蟲害雖多，但成長態勢強

年中管理

月份	1	2	3	4	5	6	7	8	9	10	11	12
發芽期			●	●	●							
成長期				●	●	●	●	●	●	●		
開花期					●	●	●					
衰弱期	●	●									●	●

漏斗狀花朵成下垂狀開花，香氣宜人，在日本沖繩就大量栽培萃取精油，作為沐浴用品。

薑黃
Turmeric

別名：薑花
學名：*Curcuma longa*
屬性：多年生草本植物
原產地：印度及東南亞等地區

碩大的葉片。

植物特徵

葉橢圓形，大葉，具有長葉炳，上葉部分鮮綠色，靠近根部的下葉部分為白綠色。屬於根出葉型，莖短縮，根部似薑。花頂部為白色，下部為鮮綠色，並於苞腋中再開出淡黃色的小花。

生活應用

根部曬乾後磨成的深黃色粉末，是咖哩粉的主要香料，味苦且帶有辛辣，印度人很早就加以使用。另外黃色粉末也是食物的著色劑，用於烘焙食品、牛乳產品、香腸、凍膠、醃漬物等。

塊根是主要使用部位。

栽種條件

日照環境	全日照
供水排水	喜歡較為潮濕的環境，但排水要順暢
土壤介質	一般壤土即可
肥料供應	地植為主，以有機氮肥為主
繁殖方法	播種為主
病蟲害防治	病蟲害較少，但必須注意通風

年中管理

月份	1	2	3	4	5	6	7	8	9	10	11	12
發芽期			●	●	●							
成長期				●	●	●	●	●				
開花期						●	●	●		●		
衰弱期	●	●									●	●

薑黃藥用歷史悠久，早在古羅馬的史籍中就有記載。

苞片綠白色，尖端帶有淡紅色渲染，
花淡黃色，於苞片下方長出。

九頭獅子花
Roxburgh Peristrophe

別名：長花獅子草
學名：*Peristrophe roxburghiana*
屬性：多年生草本植物
原產地：中國南方、東南亞等地區

植物特徵

葉披針形，單葉對生，葉面光滑，葉背略被毛，葉緣鈍齒狀。莖直立，部分下垂。花頂生，管狀花序，紫紅色，大小兩片花瓣呈夾角，類似唇狀。

生活應用

原本是野生的成長數量較多，但因為花型像極了微笑的嘴唇，實在非常可愛，極具觀賞價值，因此種苗業者加以繁殖，並在花市販售。藥用方面，全株可以搗碎塗抹，有止血及消腫止痛的功效。

開花性極強。

管狀花序。

栽種條件

日照環境	全日照
供水排水	土壤即將乾燥時供水，排水盡量順暢
土壤介質	一般壤土或培養土皆可
肥料供應	可於春秋兩季追加氮肥，以利成長
繁殖方法	扦插為主
病蟲害防治	病蟲害不多，但比較不耐寒，北部栽種須防止寒害

年中管理

月份	1	2	3	4	5	6	7	8	9	10	11	12
發芽期			●	●	●							
成長期				●	●	●	●	●	●	●		
開花期						●	●	●	●			
衰弱期	●	●									●	●

在台灣的中南部郊外山區和恆春半島的海邊，經常可看到野生成長。

白鶴靈芝
Bignose Rhinacanthus

別名：白鶴草、仙鶴花
學名：*Rhinacanthus nasutus*
屬性：常綠灌木
原產地：美洲地區

植物特徵

葉對生，短葉柄，橢圓形。莖直立，木質化且多分枝，莖節部分有膨大現象，莖葉均帶有香氣。聚繖花序，由枝梢或葉腋開花，唇形花冠，白色。

生活應用

一般種植多作為泡茶的藥用植物，可將整株拔起，經過清洗、切斷、曬乾等步驟，至完全乾燥就可與咸豐草、魚腥草等一起熬煮成青草茶，具有潤肺止咳、平肝降火的功效。

花型如展翅的白鶴，非常美麗，又因功效（有助恢復元氣）類似靈芝而得名。

葉橢圓形。

栽種條件

日照環境	全日照
供水排水	土壤即將乾燥時供水，排水須順暢
土壤介質	一般壤土或培養土皆可
肥料供應	於換盆或地植實施予有機氮肥，以利成長
繁殖方法	扦插為主
病蟲害防治	病蟲害不多，但要經常修剪，保持通風

年中管理

月份	1	2	3	4	5	6	7	8	9	10	11	12
發芽期			●	●	●							
成長期				●	●	●	●	●	●	●		
開花期						●	●	●	●			
衰弱期	●	●									●	●

白鶴靈芝於民國 70 年左右由香港引進台灣，並廣為栽培，兼具藥用與觀賞價值。

赤道櫻草
Creeping Foxglove

別名：活力菜、活綠菜
學名：*Asystasia gangetica*
屬性：多年生草本植物
原產地：東亞、東南亞地區

植物特徵

葉對生，卵形，帶有短葉柄。莖直立，靠近根的莖部呈現匍匐狀，嫩莖方形，全株具絨毛。穗狀花序，粉紅至淡紫紅色，鈴狀，花期很長，大致上整年開花。

生活應用

主要用來食用，因為含有豐富維他命，調理方式像地瓜葉般簡單，加上栽培容易，成長快速，於近幾年非常風行，嫩葉可以川燙沾醬、煮蛋花湯，具有清熱解毒的作用，尤其適合躁熱的夏季食用。

赤道櫻草蟲害少且成長旺盛，是很適合居家種植的蔬菜，既安全又健康。

鈴狀花朵。

栽種條件

日照環境	半日照～全日照
供水排水	土壤即將乾燥時供水，排水要順暢
土壤介質	一般壤土或培養土皆可
肥料供應	於春秋兩季追加氮肥，以利成長
繁殖方法	扦插為主
病蟲害防治	病蟲害不多，但冬季成長較差，可適時修剪，待春天就會成長很好

年中管理

月份	1	2	3	4	5	6	7	8	9	10	11	12
發芽期		●	●	●	●							
成長期			●	●	●	●	●	●	●	●		
開花期				●	●	●	●	●	●	●		
衰弱期	●	●									●	●

花朵可以食用，可夾在肉片中，以涮涮鍋方式川燙，帶有清香。

斑葉赤道櫻草

別名：斑葉活力菜
學名：*Asystasia gangetica* 'Variegata'

植物簡介

葉對生，長卵形，葉面或葉緣帶有乳黃及乳白
的色斑，是最大的特色。莖具有匍匐性。花為
總狀花序，頂生，有白、桃紅等花色。

斑葉赤道櫻草是赤
道櫻草品種中的園
藝栽培種，除了食
用方式與一般的赤
道櫻草相同，主要
是作為觀賞。

穿心蓮
Common Andrographis

別名：苦心蓮
學名：*Andrographis paniculata*
屬性：一年生草本植物
原產地：南亞印度及東南亞等地區

植物特徵

葉對生，披針形，葉柄短，像辣椒葉。莖直立呈四角狀，多分枝。花為總狀花序，白色。果實呈扁平條形，種子較小。新鮮葉片入口後並不覺得苦，但經過一段時間後，就會非常苦，有如穿心一般，因而得名。

生活應用

穿心蓮為中國自古即加以使用的藥用植物，俗語說「良藥苦口」，穿心蓮正是代表。枝、葉可以煎服，具有清熱解毒、抗菌抗病毒、驅蟲等作用。將葉乾燥後研磨成粉末，製成1：4水溶液，用紗布外敷創口，可以抗發炎。

穿心蓮的葉具有苦味。

圖片提供／尤次雄

花期主要在夏秋之際。

栽種條件

日照環境	半日照～全日照
供水排水	土壤即將乾燥時供水，排水要順暢
土壤介質	一般壤土或培養土皆可
肥料供應	於春秋兩季追加氮肥，以利成長
繁殖方法	扦插為主
病蟲害防治	病蟲害不多，但冬季成長較差，可適時修剪，待春天就會成長很好

年中管理

月份	1	2	3	4	5	6	7	8	9	10	11	12
發芽期			●	●	●							
成長期				●	●	●	●	●				
開花期							●	●	●			
衰弱期	●	●									●	●

印度檀香
Sandalwood East Indian

學名：*Santalum album*
屬性：常綠喬木
原產地：印度

植物特徵

葉對生，橢圓狀卵形，葉片先端尖銳，中脈在背面突起。莖直立，初期成長較慢，地植後會木質化形成樹幹。圓錐花序，為腋生或頂生，開花初時為綠黃色，後呈深棕紅色。果實成熟為深紫紅色至紫黑色。

生活應用

檀香是貴重的工藝材料，木材經常被使用在雕刻佛像、人物和動物造型，或是製作珠寶箱、首飾盒及扇子等。由於木質細緻，香味可保持長久，且具有防蛀防腐的效果。

檀香木的葉。

檀香木提煉出來的精油可製作成高級香水。

栽種條件

日照環境	全日照環境最佳
供水排水	地植後可靠雨水自然供水，但排水要順暢
土壤介質	一般壤土即可
肥料供應	可四季追加氮肥，以利成長
繁殖方法	播種與扦插方式繁殖
病蟲害防治	病蟲害不多

年中管理

月份	1	2	3	4	5	6	7	8	9	10	11	12
發芽期	●	●									●	●
成長期	●		●	●	●	●						
開花期			●	●	●							
衰弱期							●	●	●	●		

除印度外，澳洲、非洲、台灣都有大規模經濟生產。

斗篷草
Lady 's mantle

別名：淑女斗篷
學名：*Alchemilla vulgaris*
屬性：多年生草本植物
原產地：歐洲東部及西亞

植物特徵

根出葉型，長葉柄，葉心形，葉緣帶有淺裂，表面有細小絨毛。莖短縮。花莖從接近根部的基處長出，開黃綠色花，約在初夏左右開花。

生活應用

自古以來即被視為治療女性疾病的良藥，現代的女性保養品中，特別是乳霜裡常含有其精油成分，具有收斂及抗發炎的作用。茶飲方面，在開花期前採收葉片乾燥後（較為濃郁），沖泡成茶飲，可舒緩喉嚨痛等症狀。但因具有通經作用，懷孕期間還是要避免使用。

栽種條件

日照環境	半日照～全日照
供水排水	乾燥再一次澆透，排水要順暢
土壤介質	砂質壤土最佳
肥料供應	可在定植或換盆時施加基礎氮肥
繁殖方法	播種、分株
病蟲害防治	病蟲害較少，但必須注意通風

年中管理

月份	1	2	3	4	5	6	7	8	9	10	11	12
發芽期	●	●									●	●
成長期			●	●	●	●						
開花期					●	●						
衰弱期							●	●	●	●		

斗篷草在國外相當風行，目前在台灣由於尚未完全馴化，所以還不普遍。

葉形類似古代淑女所穿的斗篷而命名，也有一說是來自聖母瑪利亞身上的衣物。由於葉形討喜，適合當作觀賞盆栽。

小地榆
Salad Burnet

別名：沙拉地榆
學名：*Sanguisorba minor*
屬性：多年生草本植物
原產地：歐洲、北非地區

植物特徵

葉對生，奇數羽狀複葉，葉緣帶有鋸齒，具有堅果及小黃瓜味道。根莖肥大，呈匍匐性成長。花頂生，花球狀綠色，中央端為紅色，集中於夏季開花。

生活應用

新鮮嫩葉可直接當沙拉食用，也可加入奶油、起司或乳酪，用來做各式料理。搭配迷迭香、百里香一起與肉類料理烹調，風味如小黃瓜調味。含有豐富維他命C，可促進消化，並具有利尿、殺菌等功效。

拉丁語原意為「止血」，刀創傷時，將葉片直接敷在傷處，可達到止血效果。

栽種條件

日照環境	全日照
供水排水	喜歡較為潮濕的環境，但排水要順暢
土壤介質	砂質壤土最佳
肥料供應	可在春秋兩季施加基礎氮肥
繁殖方法	播種、分株
病蟲害防治	病蟲害較少，但必須注意通風

年中管理

月份	1	2	3	4	5	6	7	8	9	10	11	12
發芽期	●	●										●
成長期			●	●	●	●						
開花期					●	●	●					
衰弱期								●	●	●	●	

小地榆的新鮮嫩莖可作為沙拉的材料。

亞歷山大野草莓
Wild Strawberry

別名：林地草莓
學名：*Fragaria vesca 'Alexandria'*
屬性：多年生草本植物
原產地：歐洲溫帶地區

植物特徵

葉互生，倒卵形，葉面深綠色，葉背淡綠色。莖較為纖細，呈現匍匐性。花為總狀花序，花梗被有柔毛，花白色。漿果深紅色。

生活應用

漿果甜度雖然較差，但還是可以生吃，果實也可沖泡成香草茶、調酒、作成蜜餞及果醬。含有豐富的鐵與鉀成分，對肝腎功能衰弱者有恢復功效。根部也可煎服，有滋補及利尿的功效。

甜度雖然沒有一般草莓高，但是香氣較為濃郁，栽培比較簡單。

葉緣帶有淺鋸齒。

葉片若有枯萎，必須馬上修剪，才會成長新葉。

栽種條件

日照環境	全日照
供水排水	土壤乾燥再供水，排水要順暢
土壤介質	砂質壤土最佳
肥料供應	地植為主，可在定植時施加基礎氮肥，開花期前追加海鳥磷肥
繁殖方法	播種為主
病蟲害防治	病蟲害較少，但必須經常修剪，保持通風

年中管理

月份	1	2	3	4	5	6	7	8	9	10	11	12
發芽期	●	●									●	●
成長期		●	●	●	●	●				●	●	
開花期			●	●	●							
衰弱期							●	●	●			

適合盆植栽培，也可露地種植。

薔薇科 Rosaceae	蛇莓屬 Duchsnea

蛇莓
Mock Strawberry

別名：雞冠果
學名：*Duchesnea indica*
屬性：多年生草本植物
原產地：東亞等地區

植物特徵

葉互生，具有長柄，葉近卵形，先端鈍，葉緣有
鋸齒，葉面無毛。匍匐莖，延長性強，被有白色
毛。花單生於葉腋，長花梗，花黃色，大多於春
末開花。果實小，扁圓形，鮮紅色。早期為野生
性質，但目前多為種苗業者專業栽培。

蛇莓果實含有豐
富維他命 C。

生活應用

主要是食用果實，外表及口感都
接近草莓，滋味酸甜且具有淡淡
香氣，但果實較小。可以直接生
食或是做成果醬，或是當作烘焙
材料。藥用上莖葉可以搗碎加入
藥膏中，有止血、解毒的功效。

葉具有長柄。

栽種條件

日照環境	全日照環境為佳
供水排水	土壤乾燥再供水，排水要順暢
土壤介質	砂質壤土最佳
肥料供應	地植為主，可在定植時施加基礎氮肥，開花期前追加海鳥磷肥
繁殖方法	扦插為主
病蟲害防治	病蟲害較少，但必須經常修剪，保持通風

年中管理

月份	1	2	3	4	5	6	7	8	9	10	11	12
發芽期	●	●									●	●
成長期		●	●	●	●	●				●	●	
開花期			●	●	●					●	●	
衰弱期							●	●	●			

匍匐性強，也可用吊盆方式栽培。

棣棠花
Kerria

別名：蜂棠花
學名：*Kerria japonica*
屬性：落葉灌木
原產地：中國大陸、東南亞等地區

植物特徵

葉片對生，卵形，葉先端漸尖，葉緣有鋸齒，表面無毛，背面或沿葉脈有短柔毛。莖枝直立，綠色。主要開金黃色花，花五瓣，橢圓形，邊緣有極細齒。果實黑色，扁球形。主要分為單瓣與重瓣品種。

生活應用

由於花型與花色美麗，主要作為觀賞用途。可種成花叢、花籬或是盆栽，另外栽種於池畔或水邊也相當合適。除了供觀賞，花朵還可加入茶飲中，具有止咳、助消化等作用。

棣棠花葉緣
有淺鋸齒。

豔麗的黃色花卉，極富觀賞性。

栽種條件

日照環境	半日照～全日照
供水排水	喜歡較為潮濕的環境，排水須保持順暢
土壤介質	一般壤土即可
肥料供應	春秋兩季施加基礎氮肥
繁殖方法	播種、扦插、分株
病蟲害防治	枯枝病、紅蜘蛛等，可用有機法加以防治

年中管理

月份	1	2	3	4	5	6	7	8	9	10	11	12
發芽期	●	●									●	●
成長期			●	●	●	●	●					
開花期				●	●							
衰弱期								●	●			

莖枝會延伸很長，並開出黃色花朵。

天使薔薇
Angel Rose

別名：日本薔薇、皺葉薔薇
學名：*Rosa chinensis* cv.
屬性：半落葉性灌木
原產地：中國大陸、東亞地區

植物特徵

葉對生，奇數羽狀複葉，小葉卵形，先端尖，葉緣帶鋸齒。莖直立或帶常蔓性，莖表皮具有鉤刺。繖房狀花序，生長於短枝上，重瓣，花有粉紅、粉白色，具有香氣。果實會由綠轉呈橘紅色。

生活應用

用途很廣，由於開花期長，主要是使用花瓣泡茶，含有豐富的維他命C。此外還能製作純露或是押花等。在日本相當受歡迎，目前台灣香草愛好者也以種植此品種居多。

天使薔薇的葉，也適合作壓花的材料。

花朵具有甘甜的玫瑰清香。

栽種條件

日照環境	全日照
供水排水	土壤乾燥再供水，排水要順暢
土壤介質	砂質壤土最佳
肥料供應	地植為主，可在定植時施加基礎氮肥，開花期前追加海鳥磷肥
繁殖方法	扦插為主
病蟲害防治	病蟲害較少，但必須經常修剪，保持通風

年中管理

月份	1	2	3	4	5	6	7	8	9	10	11	12
發芽期	●	●									●	●
成長期			●	●	●	●					●	●
開花期											●	●
衰弱期							●	●	●	●		

薔薇品種很多，天使薔薇目前在台灣比較多見。

覆盆子
Raspberry

別名：覆盆莓
學名：*Rubus idaeus*
屬性：多年生草本植物
原產地：歐洲溫帶地區

植物特徵

葉互生，葉倒卵形。莖呈匍匐性，多刺。開白色小花，並結成漿果。漿果芳香甘甜，品種很多。原為野生，後來與草莓雜交而產生許多新品種。在歐洲及北美洲被廣泛種植。

生活應用

可以製成風味獨特的果醬，首先將覆盆子放在果汁機中攪拌，加以過濾後，加上砂糖一起熬煮，放涼後置放於殺菌過後的空瓶即可，能運用於蛋糕，布丁，冰淇淋等甜點。另外也能以發酵的方式做出酒類。

莖多刺。

覆盆子莓果具有豐富維他命 C。

栽種條件

日照環境	全日照
供水排水	土壤乾燥再供水，排水要順暢
土壤介質	砂質壤土最佳
肥料供應	開花期前追加海鳥磷肥
繁殖方法	播種、扦插
病蟲害防治	病蟲害較少，但必須經常修剪，保持通風

年中管理

月份	1	2	3	4	5	6	7	8	9	10	11	12
發芽期	●	●									●	●
成長期		●	●	●	●	●						
開花期				●	●							
衰弱期							●	●	●			

盆植須用較大的盆具。

刺芫荽
Culantro

別名：野芫荽、假芫荽、日本香菜
學名：*Eryngium foetidum*
屬性：多年生草本植物
原產地：中南美洲

植物特徵

葉互生，披針形或倒披針形，邊緣有刺狀齒。莖短縮，易分枝，呈叢生狀，低矮性成長。花莖直立，由葉腋抽出，其上有莖生葉，頭狀花序成繖形花序，花淡綠色。種子極小，褐色。

刺芫荽的花。

生活應用

植株具有濃烈的芫荽味道，嫩葉可食用，然而葉片邊緣有刺，使用前最好去除，主要作調味，也可加入湯品中。具有芳香、健胃功效。由於全株散發強烈的芫荽氣味，適合種於山邊溝作為驅蛇及防蚊蟲植物。

由於葉片邊緣具有粗鋸齒，採集時必須小心。

栽種條件

日照環境	半日照～全日照
供水排水	土壤乾燥時才供水，排水要順暢
土壤介質	一般壤土即可
肥料供應	地植為主，可在定植時施加基礎氮肥
繁殖方法	播種與分株，掉落的種子也容易形成自播
病蟲害防治	病蟲害較少，但必須經常修剪枯葉並摘蕾

年中管理

月份	1	2	3	4	5	6	7	8	9	10	11	12
發芽期	●	●	●									
成長期			●	●	●	●	●		●			
開花期				●	●	●	●	●	●			
衰弱期										●	●	●

刺芫荽含有芫荽素（Coriandrin）成分，帶點刺激性的香氣。

茴香
Fennel

學名：*Foeniculum vulgare*
屬性：一至二年生草本植物
原產地：歐洲地中海沿岸地區

植物特徵

葉序互生排列，如扇形，接近基部部位肥大，羽狀複葉分裂為細絲狀，葉色偏黃綠色。莖短縮。黃色的小花呈複繖形花序，花莖由頂芽生成，快開花時，莖節會拉長。開完花的花莖，也會陸續再冒出新芽。種子成熟後為褐色。

美麗的黃色花朵，能作為插花、壓花等花藝佈置。

生活應用

葉片自古即被廣泛運用於料理，舉凡醬汁、魚類料理、沙拉甚至快炒食物都可使用。將花朵直接浸泡於熱水用來蒸臉，有美容的功效。種子則可沖泡成香草茶，具有促進消化的作用。

鮮綠羽狀的葉子，具有濃郁的香氣。

栽種條件

日照環境	全日照最佳
供水排水	土壤即將乾燥時供水，排水須順暢
土壤介質	一般壤土或培養土皆可
肥料供應	春、秋兩季追加氮肥，以利成長
繁殖方法	播種為主
病蟲害防治	病蟲害不多，要經常加以修剪並進行摘蕾

年中管理

月份	1	2	3	4	5	6	7	8	9	10	11	12
發芽期	●	●	●	●							●	●
成長期	●	●	●	●	●	●						
開花期			●	●	●	●	●					
衰弱期							●	●				

茴香以茴香醚成分為主，香氣特徵辛溫，具有去腥作用。

同屬品種

紫茴香
Bronze Fennel

學名：*Foeniculum vulgare* 'Purpurascens'

植物簡介

最主要的特色，在於
具有類似古銅且偏紫
色的葉片而命名。葉
及花的外型與茴香相
同，除了可以作為觀
賞之用，還能加入魚
的料理中增加色彩，
食用具有改善食慾及
幫助消化的效果。

圖片提供／張元聰

紫茴香與茴香相同，接近根基部位肥大。

香草小常識

Q 茴香與蒔蘿的外型類似，該如何分辨呢？
在運用方面相同嗎？

從外型判斷，茴香呈多層莖葉成
長，莖短縮；蒔蘿則是從根部發展
出單獨直挺的莖，再開出葉、花。
此外蒔蘿的葉片比較纖細。在應用
方面，兩者香氣接近，彼此可代替
使用，特別是常常運用在魚類料
理，因此都有「魚的香草」之稱。

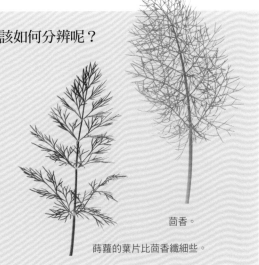

茴香。

蒔蘿的葉片比茴香纖細些。

峨蔘
Chervil

別名：茴芹
學名：*Anthriscus cerefolium*
屬性：一至二年生草本植物
原產地：東歐及西亞

植物特徵

葉輪生，顏色鮮綠，羽狀複葉類似蕾絲，非常優雅。莖直立，細長中空。白色花，以複繖花序開出，與芫荽的花非常接近。種子黑色細小。

運用歷史悠久，從古羅馬時代人們就經常使用在料理。

生活應用

峨蔘是法國料理中不可或缺的食材，甚至有「美食家的歐芹」之稱，但在法國人眼中，其香氣所帶出來高雅口感，更甚於歐芹。主要利用部位為嫩葉，經常被添加於沙拉、肉類及湯類，具有幫助消化及促進血液循環的功效。

葉子外型很像蕾絲。

栽種條件

日照環境	全日照最佳
供水排水	土壤即將乾燥時供水，排水要順暢
土壤介質	一般壤土或培養土皆可
肥料供應	可於定植或換盆時施予有機氮肥
繁殖方法	播種為主
病蟲害防治	病蟲害較多，可用有機法加以防治。忌高溫多濕

年中管理

月份	1	2	3	4	5	6	7	8	9	10	11	12
發芽期	●	●	●	●							●	●
成長期		●	●	●	●	●						
開花期				●	●	●	●					
衰弱期							●	●	●	●		

香氣接近芹菜，卻沒有芹菜濃郁，較為清香，與海鮮料理很對味，具有去腥作用。

蒔蘿
Dill

學名：*Anethum graveolens*
屬性：一至二年生草本植物
原產地：歐洲、西亞

植物特徵

葉互生，具長柄，裂葉線形。莖桿直立，表面平滑。複繖狀花序，花梗不等長，花細小，黃色。種子為扁橢圓型。在國外開花期為6～7月，國內則會在春末及秋初兩季開花。

生活應用

利用部位為嫩莖葉及種子。新鮮莖葉可做料理、泡菜。特別適合魚類料理，可使魚肉滑嫩順口，並去除腥味。種子則可用於醃漬泡菜及作為糕點餅乾的添加物。另外花卉也可用作佈置。

黃色花呈複繖狀花序。

葉片纖細。

栽種條件

日照環境	全日照最佳
供水排水	土壤即將乾燥時供水，排水須順暢
土壤介質	一般壤土或培養土皆可
肥料供應	春、秋兩季追加氮肥，以利成長
繁殖方法	播種為主
病蟲害防治	病蟲害不多，要經常加以修剪，且進行摘蕾

年中管理

月份	1	2	3	4	5	6	7	8	9	10	11	12
發芽期		●	●	●								
成長期		●	●	●	●	●						
開花期				●	●	●	●					
衰弱期								●	●	●	●	●

蒔蘿可以先進行盆植，再移至露地上定植。

歐芹
Parsely

別名：巴西利、荷蘭芹、捲葉香芹
學名：*Petroselinum crispum*
屬性：一至二年生草本植物
原產地：歐洲地中海沿岸地區

植物特徵

葉深綠色，三回羽狀複葉，葉緣有鋸齒，葉片捲曲皺縮，葉柄長，綠色。莖短縮，屬於根出葉型。開淺綠或白色花，細小，複繖形花序。種子細小，為灰褐或淺褐色，全株具有濃郁的香氣，接近芹菜但比較清淡。

生活應用

從古希臘羅馬時代即把葉片當作日常蔬菜食用，或是切碎後加入調味醬料中，根則用來煮湯或燉食。歐芹的根、葉、種子可以利尿，幫助消化。台灣牛排料理多用來做盤飾。

歐芹含有豐富維生素A、B、C、鈣質、鐵質及礦物質。

栽種條件

日照環境	全日照最佳
供水排水	土壤即將乾燥時供水，排水要順暢
土壤介質	一般壤土或培養土皆可
肥料供應	可於定植或換盆時施予有機氮肥
繁殖方法	播種為主
病蟲害防治	病蟲害較多，可用有機法加以防治。忌高溫多濕

年中管理

月份	1	2	3	4	5	6	7	8	9	10	11	12
發芽期	●	●	●	●							●	●
成長期	●	●	●	●	●	●						
開花期				●	●	●						
衰弱期								●	●	●		

歐芹在歐美國加的料理中運用非常廣泛。

義大利香芹
Italian Parsely

別名：義大利荷蘭芹、平葉香芹
學名：*Petroselinum crispum 'neapolitanum'*

植物簡介

屬於平葉品種，所以又稱為「平葉香芹」，葉形類似胡蘿蔔，經常會被誤認。相較於歐芹，義大利香芹反而更常在歐洲的料理中出現，主要原因是香氣較溫和，對於不喜歡濃郁香氣的人較為合適。由於殺菌力強，多剁碎添加在肉類料理中。

義大利香芹的口感溫和且芳香，適合添加於西洋料理。

義大利香芹忌高溫多濕，夏季成長較差。

香草小常識

Q 在西餐廳點牛排，經常可以看到一小撮歐芹，是觀賞用？還是可以食用呢？

國外食用荷蘭芹就像台灣食用芫荽一樣普遍，只要將荷蘭芹用刀叉加以剁碎，然後放在牛排上一起食用，可增加肉類的美味，口感相當濃郁。建議居家可以自行栽種，運用於西式料理。

歐當歸
Lovage

別名：圓葉當歸
學名：*Levisticum officinale*
屬性：多年生草本植物
原產地：歐洲地中海沿岸地區

植物特徵

羽狀小葉分裂，質地厚，互生排列呈放射狀，
有點類似西洋芹的葉片。莖肥厚，花莖由頂芽
生成，快開花時莖節拉長，繖型花序，開黃綠色
花。葉片具有當歸的香氣，是最大的特徵。

生活應用

全株具有當歸的香味，
葉片可煮湯及添加於各
種料理中，在國外經常
可看見圓葉當歸葉片被
當作沙拉的材料，直接
生鮮入口。另外根部剁
碎，可作為醃漬菜的調
味料。

葉片具有當歸香味。

歐當歸可運用在料理中，口感獨特。

栽種條件

日照環境	全日照
供水排水	土壤即將乾燥時供水，排水要順暢
土壤介質	一般壤土或培養土皆可
肥料供應	可於春秋兩季追加氮肥，以利成長
繁殖方法	播種為主
病蟲害防治	病蟲害不多，但要經常修剪枯黃葉片，保持通風

年中管理

月份	1	2	3	4	5	6	7	8	9	10	11	12
發芽期	●	●									●	●
成長期	●	●	●	●	●	●	●					
開花期				●	●	●						
衰弱期							●	●	●	●		

要經常修剪枯黃葉片，使其再萌生新葉。

鴨兒芹
Honewort

別名：山芹菜、三葉草
學名：*Cryptotaenia japonica*
屬性：多年生草本植物
原產地：東亞

植物特徵

葉互生，三出複葉，倒卵形，全株有香氣。莖短縮直立，具分枝。花為頂生或腋生，開白色小花，有時帶紫紅色，複繖形花序。

生活應用

嫩葉洗淨後可以直接生食，也能單獨素炒、加上肉絲一起炒熟、添加於蛋花湯等。含有豐富的維他命，具有消炎、解毒、活血等效果。

栽種條件

日照環境	半日照或全日照
供水排水	土壤即將乾燥時供水，排水須順暢
土壤介質	一般壤土為主
肥料供應	可於春秋兩季追加氮肥，以利成長
繁殖方法	播種為主
病蟲害防治	病蟲害不多，但忌諱高溫多濕的夏季，入夏前要加以修剪

年中管理

月份	1	2	3	4	5	6	7	8	9	10	11	12
發芽期	●	●									●	●
成長期	●	●	●	●	●	●						
開花期				●	●	●						
衰弱期							●	●	●	●		

鴨兒芹經常可見於日本料理，在日本是非常普遍的蔬菜用香草植物。

鴨兒芹含有豐富的維他命。

芫荽
Coriander

別名：香菜、胡荽
學名：*Coriandrum sativum*
屬性：一年生草本植物
原產地：東歐

植物特徵

葉互生，具有長柄，羽狀複葉。莖生葉，直立呈中空，多分枝。複繖形花序，頂生或與葉對生，線狀錐型，花小，白或淡紅色。果實近球形，未熟時呈青綠色，成熟為黃褐色，內有種子，為半球形。

生活應用

在台灣的料理或小吃中是重要調味疏菜，多用於做佐料或燙料，去除肉類的腥羶味並提味。能促進發汗、胃腸蠕動，具有開胃醒脾的作用。雖然有些人不喜歡其味道，但不可否認，芫荽絕對是台灣人飲食文化中不可或缺的素材。

自古以來即被栽培，也是大家耳熟能詳的香草植物。

栽種條件

日照環境	半日照或全日照
供水排水	土壤即將乾燥時供水，排水須順暢
土壤介質	一般壤土或培養土皆可
肥料供應	可於春秋兩季追加氮肥，以利成長
繁殖方法	播種為主
病蟲害防治	病蟲害較多，可用有機法加以防治

年中管理

月份	1	2	3	4	5	6	7	8	9	10	11	12
發芽期	●	●									●	●
成長期		●	●	●	●							
開花期				●	●							
衰弱期								●	●	●		

芫荽初期成長較為矮小，要經常摘芯，否則葉片會老化，挺出花莖開花後枯萎。

芫荽的美麗白花。
圖片提供／張元聰

香蘭
Pandan

別名：斑蘭、七葉蘭
學名：*Pandanus amaryllifolius*
屬性：多年生草本植物
原產地：印度及東南亞等地區

植物特徵

葉片聚生並呈叢生狀，無葉柄，為劍形或狹披針形，葉尖具細鋸齒緣。莖短縮，直立，為淡褐色。不容易開花結果。葉片帶有類似芋頭的香氣。

生活應用

在泰國、新加坡和馬來西亞等東南亞國家是廣泛運用的食材。最常見的做法就是煮成糖水，再搭配番薯、紅豆、綠豆等。另外也會運用在烘焙月餅、麵包等糕點。泰國人則是用葉片包上整隻雞做成料理。

把香蘭葉和水煮沸，當水來喝，具有降尿酸，治痛風的功能。

香蘭是東南亞糕點中的天然綠色色素。

栽種條件

日照環境	全日照
供水排水	等土乾後再澆水，排水要順暢
土壤介質	一般壤土即可
肥料供應	可在定植時施加基礎氮肥
繁殖方法	分株為主
病蟲害防治	病蟲害較少，但較不耐寒，冬季以溫室栽培為主

年中管理

月份	1	2	3	4	5	6	7	8	9	10	11	12
發芽期			●	●	●							
成長期					●	●				●	●	
開花期										●	●	
衰弱期	●	●	●									●

在東南亞地區，香蘭是運用相當廣泛的香草植物。

香草植物除了盆植，更適合地
植，成長會相對快速。

CHAPTER

4

料理 × 茶飲 × 芳香 × 佈置

香草生活應用大全

香草生活應用大全

料.理.篇.

國外的大廚師在製作料理的過程中，經常可看到
他們隨手摘取香草，一把放進炒鍋、擺盤中，讓
我們感到新奇與驚訝。

其實，香草植物早期包括了各種蔬菜、香料及水
果，隨著時代演變，又將它們獨立出來分類。現
在，香草植物雖然不是料理的主角，但絕對是最
稱職的配角！舉凡肉類、蔬果、海鮮料理，甚至
是糕點、餅乾都可以加入香草，增添風味。

然而，並不是每種香草植物都可用於料理，必須
先了解每種香草植物的屬性與特色，再加以運
用。本篇以自家常做的料理或是餐廳的美食，搭
配各式香草，供大家參考。期望香草料理能更豐
富我們生活的樂趣。

百里香雞柳

材料

美白菇1包、紅與黃甜椒各半顆、雞肉1盒、鹽適量、百里香約2支、蒜末

雞肉醃料：醬油、百里香、蛋白、酒少許

作法

1 雞肉切條狀，以醬油、百里香、蛋白、少許酒醃過，備用。甜椒切條狀，備用。

2 起油鍋，雞肉先以大火炒至8分熟，起鍋。

3 加入蒜末爆香，下菇類炒至有香味，再放雞肉、甜椒快炒至熟。

4 最後加入鹽，起鍋前加入新鮮百里香拌炒即可。

小提醒 百里香可選擇原生綠葉品種，或是檸檬系列的百里香，香氣與口感也不錯。

水果鼠尾草
橙汁排骨

材料

排骨1盒、柳橙汁1杯、甜椒少許、水果鼠尾草約2支、太白粉1大匙

調味料：鹽、糖、米酒、白醋適量

排骨醃料：醬油、米酒、蛋白、水果鼠尾草

作法

1 排骨先以醬油、米酒、蛋白、水果鼠尾草醃30分鐘。

2 起油鍋，將排骨以半煎炸方式煮熟，可避免排骨吸附太多油脂。

3 將柳橙汁和調味料拌勻，另起鍋，倒入柳橙汁煮沸。

4 放入排骨略煮，再放入新鮮水果鼠尾草和少許甜椒，以太白粉水勾芡即可起鍋。

 水果鼠尾草也可用鳳梨鼠尾草代替。

蘆筍培根捲

 材料

蘆筍10支、培根10片

材料 作法

1 蘆筍先川燙，再用培根捲起。

2 將培根捲放入平底鍋，煎熟即可。

小提醒 蘆筍川燙約30秒即可，以免過久使口感不佳。

薄荷雞

材料

雞腿1支、薄荷1大把、薑片5片、麻油2大匙

作法

1 先以麻油爆香薑片。

2 下薄荷，炒至軟熟，起鍋。

3 同鍋放入雞腿炒熟，再加薄荷拌炒。（也可以炒至半熟，加入薄荷略炒起鍋，再放到電鍋蒸熟）

 小提醒 胡椒薄荷系列或綠薄荷系列皆可。

香煎牛排

材料

牛肉1塊、百里香5支、迷迭香1支（約10公分）、鹽巴適量

作法

1 擦乾牛肉水分，於兩面抹上鹽巴，靜置30分鐘。
2 平底鍋放少許油，將牛肉煎至兩面焦黃。
3 鍋底鋪香草（不須切碎），放上牛肉，以小火煎熟。（或是用烤盤鋪香草，放上牛肉，入烤箱低溫烘烤至需要的熟度）

芸香雞湯

材料

雞腿1支、芸香少許、黃耆5片、人參鬚少許、米酒、鹽適量

作法

1 雞腿切塊，先川燙去血水。
2 將所有材料放入電鍋，加水。
3 電鍋外鍋放入1杯水，煮至開關跳起即可。

 芸香宜少量使用，另外夏季用芸香煮綠豆湯也很適合。

鮮蝦佐薄荷醬

材料

麵包片、番茄、蘋果、奧勒岡、蝦、薄荷醬

A料：鮮奶、鮮奶油、鹽適量、蛋1個

蝦醃料：酒、鹽

作法

1 蝦先以酒、鹽醃好備用。
2 A料拌勻，麵包沾A料煎熟，備用。
3 番茄和蘋果切片，蘋果略煎先拿起，接著放蝦煎熟。
4 將蝦、麵包片、番茄片、奧勒岡、蘋果片依序疊好，最後淋上薄荷醬。

薄荷醬

材料

大蒜1瓣、薄荷1大把、鮮奶1杯、鹽少許、麵粉少許

作法

1 將大蒜、薄荷、鮮奶、鹽一起用果汁機打成醬。
2 倒入鍋中煮沸，麵粉用少許水調勻，加入鍋中一起煮。
3 不停的攪拌，成濃稠膏狀即可。

馬郁蘭烤蝦

材料

鮮蝦10隻、大蒜2瓣、百里香2
支、迷迭香1支、馬郁蘭1支、鹽
少許、酒少許、檸檬汁少許、黑
胡椒少許、橄欖油1匙

作法

1 鮮蝦洗淨，剪去蝦鬚。
2 大蒜、香草均切碎，將所有材
   料與鮮蝦拌勻，醃約30分鐘。
3 用鋁箔紙包起，放入烤箱200
   度烤約10～12分鐘。（視烤箱
   廠牌自行調整溫度和時間）。

小提醒 馬郁蘭也可用義大利奧勒岡
或是奧勒岡代替。

迷迭香蒸魚

材料

鮮魚1片、樹籽1匙、迷迭香1支（約10公分）、醬油、米酒、蔥絲、辣椒絲少許

作法

1 取一深盤，放上魚、樹籽、迷迭香。
2 淋上醬油、米酒，入電鍋蒸熟。
3 起鍋前放上蔥絲和辣椒絲，淋上熱油即可。

小提醒 以直立性迷迭香口感最佳。

羅勒蛤蜊

材料

蛤蜊1斤、羅勒1把、大蒜2～3瓣、米酒少許

作法

1 蛤蜊吐沙洗淨。
2 鍋內放少許油炒香大蒜，再放入蛤蜊、米酒。
3 起鍋前放入羅勒稍作拌炒，也可淋上少許鮮奶油增添香味。

小提醒 若無甜羅勒，可用台灣九層塔代替。

馬郁蘭鮪魚番茄盅

材料

番茄2個、麵包丁少許、鮪魚片、馬郁蘭3支、橄欖油、鹽及黑胡椒少許、起士絲

作法

1 番茄從頂部切開，挖空。挖下來的番茄肉去籽切丁備用。

2 將麵包丁烤酥。

3 鮪魚去油，加入馬郁蘭、麵包丁、番茄肉、橄欖油、鹽、黑胡椒拌勻。

4 將作法3填入番茄中，表面淋起士絲，放入烤箱烤至起士絲融化即可。

金蓮花鮮蝦沙拉

材料

馬鈴薯1個、蛋1個、胡蘿蔔1小塊、鮮蝦仁適量、鹽、黑胡椒、金蓮花少許、小黃瓜切片、薑片、米酒少許

作法

1 將馬鈴薯、蛋、胡蘿蔔一起蒸熟。馬鈴薯、胡蘿蔔趁熱壓成泥，蛋切碎。

2 蝦仁加薑片，用少許米酒燙熟，切碎。

3 所有材料加少許鹽、黑胡椒拌勻。

4 將沙拉分成幾份，分別用2片小黃瓜夾起，然後以金蓮花綁好即完成。

 小提醒 斑葉金蓮花口感較佳。

迷迭香烤洋芋

馬鈴薯（小）2顆、紅蘿蔔1/3
條、蛋1顆、迷迭香1支約5公
分、雞丁少許、胡椒粉、起士
粉、辣椒粉、橄欖油、鹽巴少許

作法

1 將馬鈴薯、紅蘿蔔，雞蛋放入
　電鍋蒸熟後，切成丁。

2 雞丁先以少許醬油、酒、蛋白
　醃約30分鐘，再炒熟。

3 取下迷迭香葉，剁碎後一起攪
　拌。

4 加入少許黑胡椒、橄欖油、蒜
　末、辣椒粉、起士粉，全部拌
　勻。

5 放進烤箱或微波爐中，約1分
　鐘後取出即可食用。

● 迷迭香除了與肉類料理相
　當搭配外，與馬鈴薯一起
　使用，是國外香草料理的
　代表性佳餚。除了濃郁的
　香氣撲鼻而來，還可以感
　受到美妙食材的結合。

● 迷迭香的分量不宜過多，
　否則反而會破壞料理的美
　味。

義大利香芹
佐蘑菇奶油義大利麵

奶油白醬

材料

奶油60克、鮮奶500cc、麵粉3大匙

作法

奶油隔水加熱融化,再加入麵粉拌勻,續加入鮮奶煮至濃稠即可。

義大利麵

材料

洋蔥半顆、蒜頭3瓣、蘑菇約10粒、培根3片、蘆筍約10支、義大利麵1～2人份、新鮮義大利香芹適量、起士粉少許、鹽巴少許

作法

1 水煮沸,下義大利麵。加入少許鹽。(依廠牌不同,煮的時間也有差異)

2 取一平底鍋,倒入少許橄欖油,炒香蒜末、洋蔥、培根、蘑菇,下蘆筍炒熟。

3 加入白醬拌勻,依個人口味加入適量水調整濃稠度。

4 最後拌入新鮮義大利香芹,起鍋灑上起士粉和少許義大利香芹裝飾即完成。

月桂鮮蔬湯

材料

胡蘿蔔半條、白蘿蔔半條、素羊肉1小碗、番茄1個、八角2個、新鮮月桂葉1片、香菇5朵、蘋果1個、辣椒1支、薑片3片、綠花椰菜半顆、素蠔油2大匙、番茄醬2大匙、鹽適量、香油適量、冰糖1小匙

作法

1 胡蘿蔔、白蘿蔔切滾刀塊，蘋果、番茄切塊備用，綠花椰菜燙熟。

2 湯鍋放入紅蘿蔔、白蘿蔔、番茄、蘋果、香菇，再加入薑片、辣椒、八角、月桂葉。

3 接著放入冰糖、素蠔油、番茄醬調味，待水滾燜煮半小時至入味，再加入素羊肉煮滾，最後滴上數滴香油。

4 食用時加入燙過的綠花椰菜即可。

小提醒 若無新鮮月桂葉，也可用乾燥月桂葉代替。

百里香甜椒盅

材料

紅黃甜椒各1個、豬絞肉1盒、洋蔥半顆、蛋1顆、香菇4朵、起士絲少許、百里香少許、醬油、鹽巴適量

作法

1 甜椒從中間切半挖空,洋蔥、香菇切丁。

2 蛋打散與醬油、鹽、百里香拌勻。

3 鍋內放油,炒軟洋蔥,加入香菇炒香,續放絞肉炒熟起鍋。

4 將作法2＋3拌勻,放入已挖空的甜椒內,再放上起士絲。

5 入烤箱200度,烤至起士絲融化即可（視烤箱廠牌自行調整溫度和時間）。

鼠尾草炒菇

材料

菇類3〜4種、大蒜2〜3瓣、鼠尾草約3
支、羅勒5葉、鹽巴、黑胡椒少許

作法

1 起油鍋，爆香大蒜。
2 放入菇類拌炒，再下鼠尾草、羅勒。
3 最後以鹽巴、黑胡椒調味即完成。

小提醒 食用型的鼠尾草皆可使用。

香蔬薄餅

材料

荸薺2顆、香菇2朵、麵粉2大匙、蛋2顆、高
麗菜絲、胡椒粉適量、鹽適量、細香蔥1小
把、義大利香芹2支

作法

1 所有材料切細末，與麵粉、調味料及蛋拌
　勻。
2 所有材料放入平底鍋，煎至兩面金黃即
　可。

麻油薄荷杏鮑菇

材料

薄荷1大把、杏鮑菇約3支、麻油
適量、鹽少許、薑5片

作法

1 杏鮑菇切滾刀塊備用。
2 先用麻油爆香薑片。
3 下薄荷炒軟，起鍋。
4 接著下杏鮑菇，炒熟後，加入
  薄荷拌炒。
5 加入鹽調味即可。

 小提醒 食用為主的薄荷皆可使用。

香蔬烘蛋

材料

杏鮑菇1～2個、紅和黃甜椒各半顆、雞肉丁1大匙、起士粉適量、起士絲適量、刺莞荽適量、大蒜1～2瓣、蛋3個、鹽適量

作法

1 杏鮑菇、甜椒切丁備用，刺莞荽切末備用。

2 爆香大蒜，下杏鮑菇、甜椒略炒。接著下雞肉丁、刺莞荽拌炒，然後加入調味料。

3 起鍋放烤盤，倒入蛋液，撒上起士粉、起士絲，烤至表面金黃即可。

 小提醒　除了刺莞荽外，鼠尾草、細香蔥也是不錯的選擇。

茴香鮭魚玉子燒

材料

鮭魚1小塊（蛋皮能捲起的量）、蛋4個、茴香1支。鹽、醬油、米酒、高湯適量

作法

1 鮭魚先以鹽巴、米酒醃過，煎熟備用。

2 蛋加醬油、高湯打散拌勻。

3 平底鍋放少許油，倒入1/3蛋液煎至半熟，放上鮭魚和茴香，捲起往前推。

4 再倒入1/3蛋液，將作法3的鮭魚捲捲起往前推。

5 倒入剩下的蛋液，將作法4捲起。

6 用鋁箔紙或保鮮膜包起定型，再切塊擺盤。

香草蛋

材料

蛋6顆、薄醬油1杯、味醂1杯、迷迭香
（約10公分）1支、薰衣草（約10公分）
2支

作法

1 醬油、味醂、香草煮滾放涼。
2 水煮沸，加入少許鹽。
3 放入蛋，持續滾約3分鐘後熄火。悶約
　3分鐘半。
4 將蛋泡入冰水，完全冷卻後剝殼，放
　入醬汁浸泡1天。

蔬菜蛋捲佐梅子醬

材料

高麗菜葉2大片、蛋3顆、細香蔥少許、梅子
醬適量

作法

1 水煮滾，加鹽，放入高麗菜燙熟，起鍋瀝
　乾。
2 蛋打散，分2次煎成蛋餅皮，放上細香
　蔥，捲起成蛋捲。
3 高麗菜葉鋪平，放上蛋捲。
4 將作法3捲起，斜切擺盤，淋上梅子醬即
　可食用。

焗烤番茄厚片

材料

番茄1個、香菇（或蘑菇）1～2個、素
鬆少許、起士絲少許、奧勒岡適量、黑
胡椒粒適量

作法

1 番茄切厚片，以平底鍋稍煎1～2分
  鐘，或是以烤箱烤約5～10分鐘。
2 起鍋，鋪上香菇（或蘑菇）片、黑胡
  椒粒、奧勒岡、素鬆、最後再放起士
  絲。
3 放入烤箱至起士絲融化即可。

茴香焗烤

材料

茴香1小把、紅和黃甜椒各半顆、雞肉丁少許、
蝦仁丁少許、洋蔥半顆、杏鮑菇1～2個、鹽少
許、義式香料適量

作法

1 先將洋蔥炒軟，再放入甜椒、杏鮑菇拌炒。
2 放入雞肉丁、蝦仁丁、鹽、義式香料拌炒。
3 最後放入茴香拌一下即可。
4 起鍋，放入焗烤盤，撒上起士絲，烘烤至表
  面金黃。

香椿素鬆蛋糕

材料

A 蛋黃糊：蛋黃5個、全蛋1個、低粉70克、牛奶75克、植物油60克

B 蛋白霜：蛋白5個、砂糖75克、檸檬汁1大匙

C 配料：香椿切碎、素鬆少許、起士片4片

作法

1 將A料的蛋黃＋全蛋打散成蛋液，低粉過篩備用。

2 將A料的植物油加熱至有油紋產生即熄火，加入低粉拌勻，再加入牛奶拌勻，最後加入蛋液拌勻。

3 將B料的蛋白打至起泡，分3次加入砂糖，再加入檸檬汁，打發至接近硬性發泡。

4 先取1/3蛋白霜倒入蛋黃糊拌勻，再將蛋黃糊倒入剩下的蛋白霜中以切拌的方式拌勻。（不能攪拌，否則容易消泡，烤出來的蛋糕會塌塌的）

5 將麵糊倒入模型，大約模型的一半量，放上起士片，再將剩下麵糊倒入，撒上切碎的香椿、素鬆。

6 烤箱預熱180度，烤約15～20分鐘後，將溫度調降到160度，烤約30～40分，用筷子插入測試，無沾黏即可。

薄荷巧克力餅乾

材料

低筋麵粉100克、可可粉15克、泡打粉2克、奶油50克、砂糖40克、蛋1顆、薄荷葉少許

作法

1 將奶油置於室溫軟化後，加糖打勻至乳白色，再加入蛋拌勻。

2 過篩粉類（可可粉＋泡打粉＋低筋麵粉）並拌勻。

3 加入切碎的薄荷葉，拌勻。

4 將麵團放入容器或是塑膠袋，置於冷凍約30分。

5 取出麵團，分成每個15克的小塊，搓成圓球，置於烤盤。

6 烤箱預熱180度，烤18～20分鐘即完成。

 除了食用性的薄荷外，也可用齒葉薰衣草、馬郁蘭等香草代替。

迷迭香餅乾

材料

奶油68克、糖粉40克、蛋黃25
克、低粉115克、迷迭香粉3克

作法

1 將奶油放室溫軟化。
2 所有材料拌勻後，搓成圓長條
  形，用保鮮膜包起，放進冰箱
  冷凍約30分，取出切成約0.5
  公分片狀。
3 放入烤箱180度，約15分。

香蘭米布丁

材料

香蘭葉少許、牛奶210克、吉利丁1.5片、鹽1/4小匙、米飯60克

作法

1 吉利丁片先以冰水泡軟，備用。
2 將香蘭葉放入米飯中一起煮熟。
3 取60克米飯加鮮奶，以果汁機打勻，再加熱至冒水泡。
4 放入泡軟的吉利丁片至融化，倒入模型。
5 最後放入冰箱冷藏，凝固即可食。
6 可放上新鮮水果丁或薄荷葉裝飾。

金銀花桂圓紅棗露

材料

白木耳2～3朵、紅棗10顆、桂圓10顆、冰糖適量、金銀花花朵6～10朵

作法

1 白木耳泡軟，去蒂頭，稍切碎，放入鍋中煮約1小時。
2 加入紅棗煮約半小時，接著放入桂圓煮約20分鐘，加入冰糖煮溶。
3 最後放入金銀花，煮滾即可熄火。

香草生活應用大全

茶.飲.篇.

所謂香草茶，是利用天然花草所沖泡的茶飲，最大特色就是具有清香的氣味，且不含咖啡因。

香草茶能同時帶來放鬆及保健效果，藉由口、鼻而吸收的精油成分，可以刺激腦神經，達到芳香療法的目的，紓緩緊張情緒。生鮮香草經由熱水加熱，將精油融入水中，其中也含有維他命群。食用過量而造成負擔時，飲用香草茶還能保護消化系統。

當然，香草茶並不等同於藥劑，療癒效果有限，而且並不是每種香草植物都可以沖泡作茶飲，最好經專家建議再使用。特別是孕婦、兒童或是病患，最好在醫師的指示下飲用。

初嘗試者可先以單品飲用，一旦熟悉之後，就可以搭配最多3種香草，選擇性質相近的種類來複合沖泡。建議盡量選擇在飯後或睡前飲用，也要注意不可過量。

Step 1
剪下欲沖泡的香草，約 10 公分數支。

Step 2
用清水漂洗。

Step 3
將乾淨香草放入茶壺。

Step 4
加入約 80℃ 左右熱水。稍待 3 分左右即可飲用。可回沖 3 次。

Step 5
稍待 3 分鐘左右即可飲用。可回沖 3 次。

小提醒

● 以 300cc 的茶壺為例，如果希望味道清淡些可放 1 支香草，濃郁些則放 2～3 枝香草。

● 料理用香草如迷迭香、鼠尾草味道較濃，須酌量使用。

幫助消化的香草茶

春天最具人氣的香草茶

材料

瑞士薄荷、檸檬香茅、德國洋甘菊

小提醒 德國洋甘菊新鮮花葉的採收季節主要在 2～5 月，其他季節可用馬郁蘭代替。

作法

1 剪下瑞士薄荷10公分3枝、檸檬香茅10公分2枝、德國洋甘菊花卉10朵。

2 漂洗乾淨後，放入壺中。

3 倒入80℃熱水，待3分鐘即可飲用。

搭配推薦

飲食過量時最適合飲用
材料：瑞士薄荷、原生鼠尾草

檸檬香氣搭配繽紛色彩
材料：瑞士薄荷、檸檬香蜂草、香菫菜

下午茶甜點的絕妙搭配
材料：檸檬羅勒、奧勒岡

提升紅茶口感促進消化
材料：蜂香薄荷、紅茶

飯後來杯清爽健胃飲料
材料：胡椒薄荷單方

香草茶適合飯後飲用，促進胃腸蠕動，幫助消化。

入春及初秋之時，早晚天氣變化大，此刻喝上一杯熱騰騰的生鮮香草茶，最適合不過了。

預防感冒的香草茶

百里香殺菌效果一極棒

材料

原生百里香、原生鼠尾草

 小提醒 原生鼠尾草也可用紫紅鼠尾草、黃金鼠尾草或三色鼠尾草代替

作法

1 剪下原生百里香10公分3枝，原生鼠尾草10公分1枝。
2 漂洗乾淨後，放入壺中。
3 倒入80℃熱水，待3分鐘即可飲用。

搭配推薦

殺菌&鎮痛效果佳
材料：原生百里香、直立迷迭香

帶有玫瑰的香氣
材料：原生百里香、德國洋甘菊、天使薔薇

清毒解熱，舒緩不適
材料：貓穗草單方

古早的對抗感冒祕方
材料：原生到手香單方

舒緩好眠的香草茶

受兒童歡迎的香草奶茶

材料

齒葉薰衣草、紅茶包、牛奶、砂糖

 小提醒 齒葉薰衣草也可以用甜薰衣草代替。薰衣草具有舒緩及放鬆功效，香氣成分以沉香醇成分居高，且具甘甜，適合睡眠有障礙的人睡前飲用。

作法

1 以熱水沖泡紅茶包，再加入牛奶精及砂糖。
2 將齒葉薰衣草10公分3支漂洗乾淨。
3 放入壺中浸泡，3分鐘後即可飲用。

搭配推薦

舒緩情緒好入眠
材料：齒葉薰衣草、檸檬百里香

療癒的碧綠色茶湯
材料：齒葉薰衣草、德國洋甘菊、香菫菜

青蘋果加芹菜香的獨特口感
材料：德國洋甘菊、義大利荷蘭芹

甘甜香氣，舒緩身心
材料：馬郁蘭單方

具有舒緩效果的薰衣草，在疲憊的時候，最能放鬆身心靈。

清爽的香氣，適合早餐或午餐後提振精神，創造充滿元氣的一天。

提神醒腦的香草茶

清爽檸檬香氣帶來好精神

材料

檸檬羅勒、直立迷迭香

 小提醒 檸檬羅勒也可用檸檬香蜂草、檸檬香茅或檸檬天竺葵代替。

作法

1 剪下檸檬羅勒10公分3 枝，搭配迷迭香5公分1枝

2 漂洗乾淨後，放入壺中。

3 倒入80℃熱水，等待3分鐘即可飲用。

搭配推薦

口感清涼除去疲憊
材料：瑞士薄荷、直立迷迭香

香氣四溢提振心情
材料：檸檬天竺葵、天使薔薇、茉莉

帶花香的春日茶飲
材料：檸檬香茅、香菫菜、琉璃苣

增添咖啡風味，醒腦更加倍
材料：直立迷迭香、咖啡

帶有甘甜的鳳梨味道
材料：鳳梨鼠尾草

舒壓安神的香草茶

花草茶的香氣與味道,能夠釋放壓力,轉換氣氛,化憂鬱為喜悦。

檸檬加玫瑰的特殊香氣

材料

檸檬馬鞭草、馬郁蘭、玫瑰天竺葵

作法

1 準備檸檬馬鞭草10公分2枝、馬郁蘭
  10公分2枝、玫瑰天竺葵3片葉子。
2 漂洗乾淨後,放入壺中。
3 倒入80℃左右熱水,待3分鐘即可飲
  用。

搭配推薦

綜合口感,帶出豐富層次
材料:齒葉薰衣草、檸檬香蜂草、直立迷
迭香

小提醒

● 薰衣草甘甜香醇,香蜂草具有檸檬
  口感,迷迭香氣味強烈,將香氣特
  性不同的3種香草巧妙搭配,饒富
  風趣。
● 薰衣草是浪漫的代名詞,且具有高
  貴的香氣。入口之後,口齒清香,
  後韻十足。

美麗浪漫的花草茶
材料:齒葉薰衣草、天使薔薇

點綴純白小花,爽朗甘甜
材料:斯里蘭卡接骨木、甜菊

優雅的淡紫花茶
材料:紫錐花單方

炎熱的夏季，來一杯清涼香草茶飲，既消暑又可舒緩心情。

清涼解暑的香草茶

清涼殺菌，提振精神

材料

柳橙薄荷、原生百里香、檸檬馬鞭草

作法

1 剪下柳橙薄荷10公分3枝、原生百里香10公分2枝、檸檬馬鞭草5公分1枝。

2 漂洗乾淨放入壺中，再倒入40℃左右溫水。

3 浸泡5分鐘後，加入適量的冰塊，即可飲用。

搭配推薦

甘甜爽口，消暑解熱
材料：瑞士薄荷、甜茴香

紫色的浪漫花草茶
材料：齒葉薰衣草、瑞士薄荷、千屈菜

香氣濃郁，口感清爽
材料：檸檬馬鞭草、奧勒岡

冰涼甜美，搭配水果好滋味
材料：甜菊、水果鼠尾草

清熱解毒茶
材料：金銀花單方

 夏季檸檬馬鞭草成長最好，檸檬香氣濃郁，搭配奧勒岡淡雅的香氣，在口感上相當清爽。另外奧勒岡含豐富維他命，健康指數破表。

祛寒保暖的香草茶

春寒期間，祛除寒氣的茶飲

當感到寒冷或是手腳
冰冷時，香草茶飲能
溫暖身體，恢復元氣。

材料

西洋接骨木、檸檬百里香

作法

1 剪下西洋接骨木花卉1朵，搭配檸檬
  百里香10公分3枝
2 漂洗乾淨後，放入壺中。
3 倒入80℃熱水，待3分鐘即可飲用。

小提醒 ▶ 春天是西洋接骨木花卉綻放的季節。

搭配推薦

適合入冬保暖的花草茶
材料：德國洋甘菊、檸檬羅勒

花卉鮮豔色彩浸入茶裡
材料：齒葉薰衣草、義大利荷蘭芹、香菫菜

甘甜中帶些小黃瓜香氣
材料：齒葉薰衣草、檸檬香蜂草、琉璃苣

保持身體溫暖，整夜好眠
材料：甜羅勒熱牛奶

具有鎮靜保溫的的功效
材料：德國洋甘菊單方

活血活氣，增強體力，也是香草茶的神奇功效！

紅潤氣色的香草茶

厚醇口感，隨時帶來好氣色

材料

檸檬香蜂草、黃金鼠尾草

作法

1 剪下檸檬香蜂草10公分3枝、黃金鼠尾草10公分1枝。

2 漂洗乾淨後，放入壺中。

3 倒入80℃熱水，等待3分鐘即可飲用。

 檸檬香蜂草也可用檸檬羅勒、檸檬香茅或檸檬天竺葵代替。黃金鼠尾草也可用紫紅鼠尾草、原生鼠尾草或三色鼠尾草代替。

搭配推薦

有助提神與增強記憶力
材料：檸檬羅勒、直立迷迭香

活血活氣，富含維他命
材料：檸檬百里香、甜羅勒

具有茉莉的香氣與味道
材料：茉莉、綠茶茶包

柳橙系香氣，彷彿水果茶
材料：管蜂香草單方

舒緩不適的香草茶

改善體質，增強抵抗力

材料

義大利馬郁蘭、甜薰衣草、香菫菜

作法

1 剪下義大利馬郁蘭10公分2枝、甜薰衣草10公分2枝、香菫菜花卉10朵。
2 漂洗乾淨後，放入壺中。
3 倒入80℃熱水，待3分鐘即可飲用。

搭配推薦

殺菌、恢復身體機能
材料：原生百里香、齒葉薰衣草、瑞士薄荷

絕佳的鎮痛、保溫療效
材料：原生百里香、德國洋甘菊

清新口感的舒緩茶品
材料：檸檬百里香、義大利荷蘭芹、琉璃苣

緩解疼痛，改善體質
材料：瑞士薄荷、直立迷迭香

淡淡的檸檬香氣
材料：檸檬羅勒

過度疲勞或壓力引起的不適，香草茶飲能有效舒緩、平衡身心。

增進食慾的香草茶

食慾不振的時候，飯前不妨先享用一杯香草茶，讓胃口打開。

清涼新鮮的薄荷綠茶

材料

黃金薄荷、綠茶茶包

作法

1 剪下黃金薄荷10公分3支，並以清水漂洗。

2 以熱水沖泡綠茶茶包，將香草放入壺中浸泡，3分鐘後即可飲用。

 小提醒 黃金薄荷也可以用檸檬馬鞭草或其他種類薄荷取代。

搭配推薦

春日開胃好茶
材料：檸檬天竺葵、琉璃苣

清爽滋味讓胃口大開
材料：瑞士薄荷、甜羅勒

爽口解膩的甜點良伴
材料：瑞士薄荷、義大利香芹

縈繞花與香氣的茶飲
材料：鳳梨鼠尾草、茉莉、千屈菜

微酸的滋味
材料：黃斑檸檬百里香

香草生活應用大全

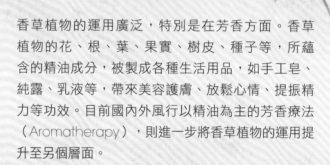

芳.香.篇.

香草植物的運用廣泛，特別是在芳香方面。香草植物的花、根、葉、果實、樹皮、種子等，所蘊含的精油成分，被製成各種生活用品，如手工皂、純露、乳液等，帶來美容護膚、放鬆心情、提振精力等功效。目前國內外風行以精油為主的芳香療法（Aromatherapy），則進一步將香草植物的運用提升至另個層面。

本篇要教您運用香草植物的香氣，擴大至生活各層面，藉由生鮮、乾燥的香草和精油等方式，用於沐浴、薰香、清潔、防蚊等用途。您會發現，原來香草帶給我們生活莫大的幫助！尤其是透過自己親手栽種，再直接加以運用，更能營造氣氛與特色，創造出健康與安心的生活環境。

手工皂

材料

椰子油45克、橄欖油150克、棕櫚
油45克、甜杏仁油60克、氫氧化鈉
43克、水86克、喜愛的精油

作法

1 先將所有材料秤好。

2 氫氧化鈉倒入水中溶解。等溫度
降至50℃，再熱油。

3 油加熱45～50℃。

4 將氫氧化鈉溶解的水，倒入油
中，快速攪拌至濃稠。

5 一邊攪拌，一邊加入喜愛的精油
約10滴，攪拌均勻。

6 倒入模型保溫（可放保溫袋、保
麗龍箱），24小時後脫模，切
塊，晾於陰涼通風處1個月。

7 24小時後脫模，切塊，晾於陰涼
通風處1個月。

 為安全起見，請在通風良好的場
所製作。

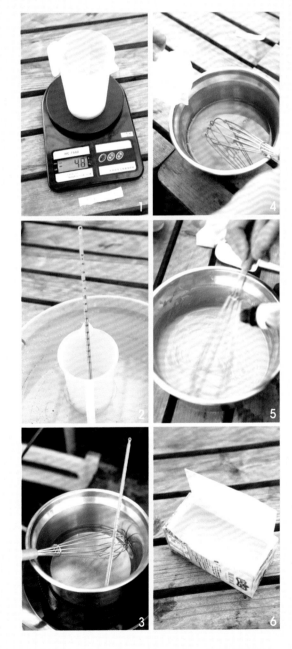

芳香蠟燭

蜜蠟30克、燭心1個、精油約10滴

作法

1 將燭芯固定於容器中。
2 將蜜蠟加熱融化,加熱過程一邊
　攪拌。
3 加熱完成,滴入精油約10滴。
4 倒入容器中,待稍凝固,點綴些
　香草支或碎末。
5 靜置至冷卻凝固即完成。

純露

材料與工具

水、香草（比例為4：1）、鍋子、棉繩、冰塊、裝
純露的瓶子

作法

1 香草洗淨，準備一個乾淨的鍋子，放入水，鍋中
放蒸架，中間放上耐高溫的碗，再放入香草。

2 鍋蓋把手綁棉繩，將透明鍋蓋反過來，讓棉繩垂
至碗中。

3 鍋蓋上放置冰塊，大火煮滾，馬上轉小火，水煮
乾即熄火（冰塊如融化，須換上新的冰塊），這
時流入碗中的即為純露。

4 待冷卻後，將純露裝入瓶中，放進冰箱冷藏室。
3天後再取出使用，效果更佳。

防蚊液

材料

酒精10cc、香茅精油50滴、尤加利精
油20滴、薰衣草精油20滴、薄荷精油
10滴

作法

1 準備1個100cc噴瓶。

2 將所有材料倒入後，加滿水搖勻。

 小提醒　建議使用過濾水或純水。

香包

百里香、香蜂草5公分共10枝、網袋一個、精油約10滴

作法

1 將生鮮香草材料放入網袋。
2 將喜愛的精油滴入即完成。

 小提醒
● 可懸掛在室內各角落，或置放於愛車中，可作為天然芳香劑。
● 使用新鮮香草約10天更換一次，若是乾燥花草則可維持更久。

香草鹽

材料

鹽適量、乾燥玫瑰花10朵、乾燥薰衣草10克、空玻璃瓶、精油

作法

1 先將乾燥玫瑰花與乾燥薰衣草磨碎。
2 將鹽倒入瓶中，先鋪一層。
3 再將玫瑰粉末放入，再蓋一層鹽。
4 將薰衣草粉末放入，最後再放入一層鹽。
5 滴入喜歡的精油約10滴。數日後待香氣較淡時可再滴入精油。

 小提醒 可當室內天然芳香劑。

護唇膏

材料

甜杏仁油14cc、蜂蠟6克、洋甘菊精油8滴

作法

1 將蜂蠟和油一起隔水加熱融化。

2 融化後,滴入精油攪拌。

3 倒入護唇膏管子或裝瓶中。靜置至冷卻變硬即可使用。

香氛護膚乳液

甜杏仁油5cc、純水或純
露30cc、精油約10滴、乳
化劑約5～10滴（乳化劑愈
多，愈濃稠）

作法

1 準備30cc的空瓶。
2 將乳化劑與水放入空
  瓶，蓋緊瓶蓋以手搖晃
  均勻，至沒有水聲。
3 加入甜杏仁油與精油，
  攪拌均勻即可。

 小提醒　建議先抹於手臂內側，
測試有無過敏。

天然植物香磚

材料

硬脂酸100克、蜜蠟
100克、精油約20滴

作法

1 將硬脂酸和蜜蠟倒
　入鍋中，隔水加熱
　融化，滴入精油。
2 倒入模型，冷卻後
　脫模。
3 視防蟲、芳香、除
　臭等用途滴入精
　油，置於櫥櫃、鞋
　櫃中。

香氛沐浴包

材料

生鮮薰衣草5公分10枝

作法

1 準備一個網袋，將生鮮香草材料放入
　網袋中。
2 將網袋放入浴池中，稍待3分，即可
　泡浴。

小提醒 薰衣草也可換成檸檬香茅、白鼠尾草
或是茶樹，但以單品為主。

草本潔面慕絲

材料

胺基酸起泡劑20cc、甜杏仁油30cc、甘油
10cc、純露35cc、精油10滴

作法

準備250cc慕斯瓶，將所有材料放入搖勻，至
沒有油水分離即完成。

小提醒 每次使用前搖勻。

香草生活應用大全

佈.置.篇.

認識香草植物,進而栽培,再擴大為園藝美化,是香草運用最為人津津樂道的地方。香草佈置包括了各種香草花藝、工藝及園藝,可運用於陽台庭院、工作場所、商店裝潢,甚至在客廳、臥室、餐廚及衛浴等場所,也都非常合適。

簡單的押花、插花、花束,就可以改變環境氣氛,愉悅心情或是信手捻來新鮮香草製作花環、手環,為生活創造樂趣。

當然,您也可以闢一座迷你香草園,利用每日早晨、傍晚或是週末假日,花點時間供水、施肥及修剪,相信您也會在不知不覺間,倘佯在香草的世界,並且親身領略到「花園永遠沒有完成的一天」。

香草佈置不妨「量力而為,從小做起」,一點一滴為自己與家人創造充滿綠意的空間,讓香草植物的美麗與芬芳,為我們帶來最美好的時光。

押花

材料

香草（圖為百里香與香菫菜）、紙板、裱框

作法

1 事前將需要的香草用押花器壓好。

2 於紙板寫上喜愛的金句。

3 將押好的香草黏上紙板。

4 完成後加以裱框，可維持更久時間。

馬郁蘭、黃金香蜂草
及甜菊,主要作為生
鮮茶飲使用。

組合盆栽

材料

3吋盆香草3盆、7吋空盆1盆、培
養土1包、有機氮肥20顆

作法

1 先將7吋盆加入底土約1/3,再
  放入肥料後覆土至1/2。

2 將3吋盆香草脫盆種入,記得
  鬆土1/3~1/2左右。

3 最後再加土,以完全覆蓋住舊
  土為原則。

4 馬上進行供水(澆透)及修
  剪。

黃金鼠尾草、黃金香蜂草及阿里山油
菊,主要是以黃色為基調。

花束

材料

香草（圖為西洋接骨木、天使花、馬櫻丹等季節花卉）、包裝紙

作法

1 採摘自己喜歡的香草。
2 將上述香草排列好。
3 用包裝紙裹起，加以美化。

 可在派對或重要節日時使用。

插花

材料

香草（圖為藍冠菊、西洋接骨木、甜薰衣草、馬蘭、柳葉馬鞭草及迷迭香）、花瓶

作法

1 採摘自己喜歡的生鮮香草，可選擇不同花色的香草，以增加色彩變化。
2 依據植物高低配置。
3 將其放入盆中，約3天換一次水。

裝飾卡片

材料

香草（圖為藍小孩迷迭香）、吊掛式卡片

作法

1 剪下迷迭香約3枝。
2 將迷迭香固定在卡片周圍。
3 可懸掛於牆壁或床頭，增加氣氛。

壁飾

材料

香草3吋盆5盆、掛飾盒1組（上層由左至右為斑葉到手香、貓苦草；下層為管蜂香草、黃金奧勒岡、蛇莓）

作法

1 將3吋盆香草植物置放於掛飾盒中。
2 懸掛在陽台或是庭院一角，日照充足的空間。

 小提醒 若盆土乾燥，可將 3 吋盆拿出至水龍頭下供水，待底孔水流乾後，再放回原處。

香草花環。

香草手環。

吊盆

材料

香草（圖為斑葉金錢薄荷）、吊盆

作法

1 選擇自己喜歡的匍匐性香草。

2 將3吋或5吋盆香草換盆至吊盆中。

3 置放於日照充足的場所（例如陽台）。

花環

材料

香草（圖為迷迭香、西番蓮與藍冠菊）、綠色鐵絲

作法

1 事前量好配戴手部或頭部的長度。

2 香草剪下，繞上鐵絲即完成。

一坪香草園

香草數種

作法

1 香草植物換盆至七吋盆。
2 統一花盆色系。
3 選擇陽台頂樓或是庭院一角約
   1坪的空間。
4 進行高矮配置,並保留通道,
   以便供水及修剪。

佈置後

佈置前

可愛小花瓶

材料

薄荷、小瓶（玻璃茶杯亦可）

作法

1 選擇自己喜歡的薄荷種類。
2 剪下薄荷10公分，約5枝。
3 放入瓶中，加入水。
4 可置放於室內觀賞，約3天換一次水。薄荷會發根，是其最大樂趣。

Q13 家裡陽台如果日照不足該如何？植物燈有效嗎？

植物必須透過日照行光合作用，而產生葉綠素，因此**最基本也要有半日照的環境**，所謂半日照，指的是上午日出到中午，或是中午到下午日落，其中又以上半天的半日照為佳。若真的完全照射不到陽光，想透過植物燈，通常效果並不佳。此時得改變日照環境，或改種日照需求量比較不大的觀葉植物。

浇水

Q14 澆水要幾天一次？

通常我們到花市或園藝店購買香草植物時，都會問店家自己所購買的香草，多久澆一次水，早期店家都會講一天一次或一天二次等，但真正供水的時機必須自己觀察。通常盆栽土壤的狀態會有四種：濕、微濕、微乾及完全乾燥，**在土壤微乾到完全乾燥之間，再一次澆透才是正確的供水方法。**可以用手摸土壤，或是目測。若是植物呈現萎凋現象，代表植栽正處在完全乾燥的狀態，此時必須完全澆透，或將植栽移到水龍頭下，泡水2小時後，就會恢復正常。

露地種植

Q15 露地種植要注意什麼嗎？

露地種植首先要**選擇有半日照到全日照的場所。**接下來是土壤，若是太過貧瘠的土壤，或全是黏質性壤土，則必須進行土壤改良。可使用市售的培養土，或是泥炭土混合一些人工介質。最後就是要堆壟及挖溝，將香草植物**種植在壟土上**，主要是因為一般香草喜歡較乾燥的環境。另外像**澳洲茶樹或是桉樹等喬木，必須單獨栽種**，不要與其他草本或灌木的香草合植，否則根系容易被大型喬木所盤據，而造成其他香草植物成長狀況不良。

蟲害

Q16　我家栽種的香草植物經常遭受蟲害，該如何處置？

香草植物因為是有機栽培，因此有蟲害在所難免，通常發生在春、夏之際。最簡單的方式是檢查植株，在發現害蟲時抓起，或是**利用稀釋的洗米水或葵無露噴灑在植株上**，可避免蟲害侵入。**也能利用香草植物本能的忌避作用，如種植艾菊、芸香等**，可以產生共生現象，如此更符合環保及有機的做法。

Q17　香草植物會有螞蟻，該怎麼辦？

螞蟻本身並不會直接影響植株成長，但所帶來的蚜蟲則會危害植株。**辣椒果實萃取液可用來防治芽蟲、螞蟻、蜘蛛等，也可使用家中廚房的調味料，如黑胡椒粉、蒔蘿、薑、紅辣椒等**，內含物有辣椒素的成分，其粉末也有驅除螞蟻、防治芽蟲的效果。除了居家自行製作，最近市面園藝資材專賣店也開始有販售製成品。另外使用月桂的純露，效果也不錯。

 使用辣椒粉或溶液時，接觸皮膚時會引起皮膚過敏，因此施用時最好戴上手套操作，並要避免吸入粉末或沾到眼睛。

Q18　有什麼香草植物可以驅趕蚊蟲嗎？

一般的花市或園藝店，在販售香草植物時，有時會標榜特定的植物可以驅走蚊蟲，但**實際上香草植物本身無法散發出味道，因此單靠植物並不能發揮此效果**，而必須靠採摘下來的莖葉加以蒸餾，變成水蒸氣（純露），或是浸泡在藥用酒精中，然後噴灑於空氣，才有驅趕蚊蟲的可能。例如玫瑰天竺葵或是檸檬香茅等。另外一般家庭在盆具栽培時，會習慣在底下置放水盤，此時須注意不能讓水盤積水，否則反而容易滋生蚊蟲。

Q 19　栽培香草植物應該選擇什麼樣的培養土以及肥料？

大部分的香草植物，原產地在地中海沿岸，屬於比較溫帶的氣候，較適宜中性的土壤，酸性過高的土壤會導致香草植物適應不良，由於台灣的雨水多為酸性，因此經常導致土壤中酸性過高，這也是為何雨季時香草植物通常成長較差的緣故。因此剛開始栽種時，就必須**挑選弱鹼性的沙質壤土，或選購已經搭配好的培養土，並且到土壤呈現塊狀堅硬時，就要進行換土。**

至於肥料方面，原則上**寧可少不要多，並且盡量使用有機肥料**，以緩效型的肥料來說，大多在換季或開花期前施加，開花期時植物並不需要添加任何肥料。

栽種香草植物盡量使用有機肥料。

Q 20　植栽枯萎後，舊土該如何處置？

通常種在盆具中的香草植物枯萎後，可以將舊土倒在塑膠布上，將土塊捏碎，然後平鋪讓太陽直射2天左右，此時可以殺死殘留的蟲卵及雜草種子，曝曬後的土壤必須再以1：1的比例加上新的培養土，如此就可以再栽種新的香草植物。

Q 21　如果出國旅遊，香草植物怎麼辦？

如果出國一週之內，**可在園藝資材行選購水苔，將其浸泡水之後，覆蓋在表土上**，當然出國前，必須將盆土整個澆透，直到底洞滴出水為止。但若是出國超過一週以上，最好找有栽種經驗的親朋好友加以巡視，當表土呈現乾燥的現象時，則必須一次澆透。

植株怎麼枯萎了…

Q22 在花市購買的香草植物，為何回家栽種不到兩個禮拜就枯萎？

在選購香草植物時，必須先分辨植物的屬性，是屬於一年生草本、一至二年生草本、多年生草本或是灌木還是喬木，先了解植物的特色後，才能更準確地進行栽培。

盡可能選擇尚未結花苞者，成長會更長久。如果開了花必須進行摘蕾，能有效延長植物的成長週期。另外若自家的栽培環境缺乏日光照射，建議改選購觀葉植物或是日照需求較少的植物。在供水方面也必須視盆具內土壤乾燥後，再一次澆透，以避免根系浸泡在潮濕的土壤中過久，而造成爛根的現象。

Q23 為什麼夏天一到，薰衣草就會枯萎？

薰衣草屬於耐寒性強的香草植物，可以忍受0℃以下的低溫，卻無法適應30℃以上的高溫。台灣夏季屢屢高達30℃高溫，如果再加上午後雷陣雨的多濕，通常會導致薰衣草爛根而枯萎。因此薰衣草雖然隸屬於灌木類，在台灣平地通常會當成一年生草本種植。待中秋節過後，再進行播種或購買新植株進行栽種。**建議可在入夏前進行強剪，並將盆栽移到半日照之處；若是地植則要注意排水是否順暢。**

Q24 為什麼一到夏天，百里香就種不好？

百里香原產地的地中海沿岸，雖然有時也會炎熱，但比較偏向乾燥。百里香在此時會成長緩慢，但不至於會枯萎。在台灣平地，由於夏季高溫多濕，經常導致植株會有爛根的現象，進而枯萎。**建議於入夏前加以修剪採收，有助於再成長。**然而隨著馴化的演進，近年來百里香過夏已不再是很困難的事，只要熬過惱人的夏季，秋、冬、春都會成長很好。

◎ **特性方面**

1. 學名

為了有效確定植物的名稱，除了中文名稱、英文名稱及俗名之外，用學名來確認，是國際上最正式的辨別方法，主要以拉丁文為主，採二段式，前為屬名，後為種名或屬性，另外也有標示原產地，學名再細分還包括發現者的姓名等。

Lavendula stoechas

屬名 　　 種名

2. 原產地

早期香草植物的原產地，主要是地中海沿岸、北非到西亞、南亞及中國等地區，大部分是溫帶地區，並涵括熱帶及亞熱帶，而這些地區正是人類文明的起源地。現在全球的香草研究專家大都偏重於地中海沿岸原產地的香草植物，除了栽培的品種較多外，在生活運用也比較廣泛及系統化。

3. 匍匐性

植物的莖一般都是向上成長，因為具有支撐作用，稱之為「直立性」。但相對的，也有植物的莖具有往下成長的趨向，並有走莖的現象，則稱之為「匍匐性」。例如大部分的薄荷，就具有匍匐性，此時可以利用壓條的方法進行繁殖。

金錢薄荷的匍匐莖蔓生。

◎ **運用方面**

4. 料理花園

英文名稱 Kitchen Garden，意指專門供應廚房料理用而設立的花園。可將這些料理用的香草或蔬菜種在盆具內，或是組合盆栽中，也可直接地植。當需要這些食材時，就可以直接採摘下來。在國外非常風行，國內近年來也開始風行。

5. 檸檬系香草

在香草植物中，有些植物具有檸檬醛等成分，當葉、莖被手觸摸時會產生類似檸檬的香氣，例如檸檬香蜂草、檸檬香茅、檸檬馬鞭草，還有檸檬羅勒、檸檬百里香以及檸檬天竺葵等，由於具有淡淡檸檬香，因此通稱為「檸檬系香草」。另外值得一提的是，「檸檬草」狹義指的是檸檬香茅，廣義則是指這些檸檬系的香草。

6. 園藝療法

園藝療法（Horticultural therapy）簡單的定義，就是人們利用園藝來治療身心靈。藉由實際栽種季節花卉及香草植物，利用各種園藝資材佈置盆栽或庭園，以及實際運用植物在生活中 · 而達到紓解壓力、復健身心靈的效果。

7. 芳香療法

香草植物的花、根、葉、果實、樹皮、種子等，蘊含精油成分，將之製成各種日常生活用品，如手工皂、純露、乳液等，讓我們使用後達到美容護膚、放鬆心情、提振精力等各種功效。目前在國內外風行以精油為主的芳香療法 (Aromatherapy)，將香草植物的運用提升到另一個層面。

8. 百草香

英文名稱為 Pot-pourri，在國外非常的普遍。首先將香草植物的花、葉加以乾燥，或是利用乾燥的果皮、樹枝等，置放於精美的碗盤中，每 3 天滴上自己喜歡的精油，除了裝飾用途，同時也可以當作天然的薰香器，淨化空氣。

9. 摘芯

又稱為「摘芯」，在植物的頂端或側芽莖的兩片葉當中，將中間部位的芽點修剪下來，讓其再分枝長大稱之。若是修剪頂芽會加速側面成長，若是修剪側芽則會加速植栽往頂端成長。

10. 摘蕾

植栽開出花苞時，或是已經開花的部位進行修剪稱之，其主要目的是為了不浪費養分，讓植物繼續成長新葉。因為植物的週期性，開花期後緊接就是衰弱期，進行摘蕾，可促進植株本身再成長。

11. 年中管理

每種香草的成長與管理不盡相同，但最重要就是要了解其成長週期。首先是發芽期，在這期間可以進行播種及扦插。接下來是成長期，多分佈在春、秋季，也就是相當氣溫 15 ～ 25℃的氣候。緊接而來是開花期，可在此期間進行摘蕾、修剪及採收植物。在開花期後即會進入衰弱期，一年生的香草會因此而枯萎，由於個人栽培的環境不同，可規畫出屬於自己專用的年中管理週期。

12. 移植

將繁殖後成長的幼苗，或是從花市購買回來的盆栽進行換盆，即稱為移植。通常 3 吋盆可移植到 5 吋盆，5 吋盆則可移植到 7 吋盆中，其中移植換盆的時機，在於盆中植栽的根系已經滿盆，或是根系已經成長到底洞外時。通常會在春、秋二個季節進行，夏季則可選擇清晨或黃昏時進行。

13. 定植

將苗圃或花市購買回來的 5 吋盆或 7 吋盆，直接進行露地種植，也就是植物最終成長的地方。通常地植數量以 3 的倍數為佳，例如 3、6、9、12 株，主要是因為栽種下去後會形成點線面，特別是在香草花園施作時最好，既可分散枯萎風險，又可維持美麗景觀。

14. 間拔

香草植物在進行播種時，可分為點播、條播及散播，其中點播與條播可在植物發芽成長後直接進行移植或定植，至於散播則是要進行間拔，也就是將成長比較衰弱的幼苗拔除，只讓成長茁壯的幼苗繼續成長，也就是所謂的疏苗動作。

15. 爛根

一般正常的根系，大都呈現乳白色，所謂爛根就是根系已經呈現烏黑色，導致無法正常吸收水分及養分。若是以盆具種植，由於夏季雨量又大又急，再加上颱風，特別是大雨過後，隔日陽光帶來的高溫，經常會造成植物爛根，而導致枯萎現象，因此盡量將盆栽移至雨水淋不到的栽培環境。若是地植，則是要在植株周遭挖溝渠，以增加排水，防止爛根。

16. 忌避植物及共生

部分香草植物由於根部會散發天然硫化物，因此具有防止害蟲的功能，例如艾菊、芸香等。此類植物即被稱作忌避植物，也就是讓害蟲產生忌諱，並且避免蟲害產生的意思。如果將其與比較容易發生蟲害的香草或蔬菜進行合植，即會減少蟲害的發生，這種現象即稱之為共生。

17. 堆肥

將家用的廚餘放入廚餘桶中，再加上分解酵素，而加以取得。若是大面積栽種，則可以將樹木的落葉以及拔除的雜草收集起來，用一層土、一層落葉雜草方式堆疊，再加上康復力或是分解酵素，靜待半年左右，即可得到有機堆肥。

18. 化學肥料

使用化學合成的肥料，內含氮、磷、鉀等元素，通常屬於速效性，多被使用在季節花卉、觀葉植物或是多肉植物之中。大部分是液態型肥料，但也有顆粒性的，多在追肥時使用。

19. 有機肥料

分為植物性及動物性兩種，植物性較不具臭味，接受度較高；動物性則以海鳥磷肥為主，為收集海鳥糞便，經由發酵而成。有機肥料屬於緩效性，適合作為基礎肥（基肥）使用，多為顆粒狀或是粉狀。

香草的幸福手作配方

結合釀漬、熬煮、烹炒、炸烤等手法，提供14道DIY配方，製作成香草糖、酒、油、鹽、醬、醋、膏，增廣日常多元應用。

糖 薄荷糖漿、薰衣草糖漿

酒 櫻花酒、綜合香草調味酒

油 綜合香草風味油、綜合香草調味油

鹽 綜合香草鹽、迷迭香風味鹽

醬 羅勒青醬、茴香醬

醋 百里香葡萄醋、義大利馬郁蘭蘋果醋

膏 尤加利香草膏、澳洲茶樹香草膏

糖

薄荷糖漿

使用介紹

雞尾酒調配、甜點搭配、茶飲、鬆餅等。

材料

新鮮茉莉亞甜薄荷及綠薄荷各 30g
冰糖 200g、水 200ml

作法

① 把兩種新鮮薄荷漂洗後，取綠薄荷部分，用果汁機打成汁。
② 冷水加入冰糖，小火熬煮成糖漿（剛開始勿攪拌，避免反砂現象）。
③ 加入茉莉亞甜薄荷及打成汁的綠薄荷汁，繼續熬煮約 3 分鐘。
④ 熄火，冷卻後將香草糖漿過濾裝瓶即可。
⑤ 冰箱冷藏可保存約半年。

小提醒 瓶子需預先水煮消毒過後使用。

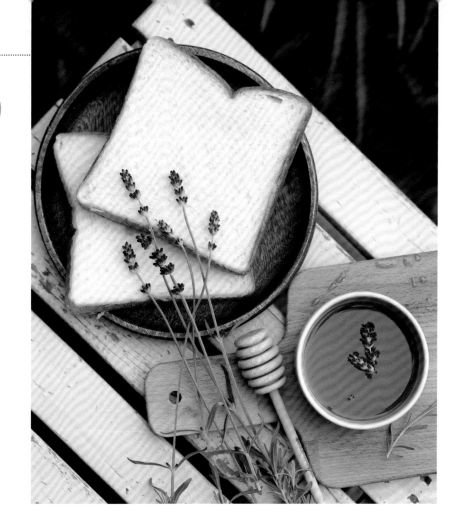

薰衣草糖漿

使用介紹

甜點製作、水果優格搭配、茶飲製作及吐司沾食等。

材料

新鮮甜薰衣草 50g、葡萄約 10 顆
冰糖 200g、水 200ml

作法

① 先將新鮮薰衣草漂洗乾淨。

② 冷水加入冰糖，小火熬煮成糖漿（剛開始勿攪拌，避免反砂現象）。

③ 將葡萄剝皮後連同薰衣草放入，繼續熬煮約 3 分鐘。

④ 熄火，冷卻後將香草及葡萄皮過濾後，裝入瓶子封存。

⑤ 冰箱冷藏可保存約半年。

 糖漿可視個人需求，少量或適量加入飲料或熱水冷水中飲用。
另外接骨木糖漿可參考本書第 337 頁。

酒

櫻花酒

香甜爽口，適合小酌。並可搭配各類食物，例如餐前酒等。

材料

櫻花（取全開）、蘋果 2 顆
冰糖、白酒（伏特加或高粱 58 度）

作法

1. 櫻花漂洗，晾乾。
2. 蘋果去皮去籽、切片。
3. 取一消毒後寬口玻璃瓶。
4. 照順序冰糖—蘋果—櫻花，一層一層鋪放入瓶。
5. 封瓶約 3 個月，再將櫻花及蘋果取出，另外裝入酒瓶即可。

酒

綜合香草調味酒

香氣濃厚，芬芳可口。適合搭配牛排等紅肉料理。

材料

綠百里香 10g、迷迭香 5g
檸檬馬鞭草 10g、紅酒或白酒（葡萄酒或各種水果酒）

作法

① 將三種香草漂洗，晾乾。
② 取一消毒後寬口玻璃瓶。
③ 將香草放入瓶中，並倒入白酒。
④ 封瓶約一週，再將香草取出，另外裝入
　 酒瓶即可。

 酒精濃度可隨個人口感增減，建議適度飲用。

油

綜合香草風味油

使用介紹

適合搭配沙拉、義大利麵淋醬、亦適合醃肉料理使用。

材料

新鮮百里香、鼠尾草、奧勒岡、月桂葉
橄欖油

作法

❶ 新鮮香草洗淨晾乾（可以放烤箱 30 度低溫烘 30 秒，或放入熱鍋熄火乾烘），去除水分。

❷ 鍋中放入 1/3 橄欖油，轉小火，待起油泡時將香草放入並熄火略拌。

❸ 將上述油及香草倒入消毒後的玻璃瓶，並且將剩下之 2/3 油倒入。

❹ 冷卻後封口，放於陰涼處約一周即可食用。

綜合香草調味油

使用介紹

法國麵包沾醬、沙拉、義大利麵拌醬。

材料

新鮮迷迭香數支、大蒜 2 顆
辣椒 1 根、橄欖油 200ml

作法

❶ 將新鮮迷迭香洗淨，晾乾。

❷ 橄欖油、大蒜、辣椒加熱至 55 度熄火，再放入迷迭香過油。

❸ 先把迷迭香、大蒜及辣椒取出，放入消毒後的玻璃瓶，再把油倒入，需蓋過香草。

❹ 冷卻後封存，放置陰暗處約一周，即可使用。

❺ 放入冰箱可以保存一個月，把香草等材料取出，可以增加保存期限。

 香草油可以做為調味沙拉，或炒炸之用。請盡量及早使用完，或有需要前再製作。

綜合香草鹽

鹽

使用介紹

肉類、麵食等料理，更可以運用在食物調味方面。

材料

各式新鮮香草（奧勒岡、百里香、鼠尾草、月桂葉等）
海鹽

作法

❶ 新鮮香草漂洗，晾乾。
❷ 取一平底鍋，將海鹽倒入，以小火炒至微黃熄火。
❸ 將新鮮香草混合至炒乾的海鹽、輕輕攪拌。
❹ 將混合的香草及海鹽放入料理機內，打成粉狀再裝瓶即可。

迷迭香風味鹽

使用介紹

肉類、麵食等料理，調味方面也非常合適。

材料

新鮮迷迭香 10 公分 3 支
大蒜 2 顆、辣椒粉或乾燥辣椒粒、海鹽、糖少許

作法

❶ 將大蒜切片，放入平底鍋內小火炒乾。

❷ 將海鹽倒入，混和蒜片以小火炒至微黃熄火。

❸ 迷迭香取葉部分混入炒乾之海鹽及蒜片內，輕輕攪拌。

❹ 將上述材料及辣椒粉、糖，一起放入料理機內打成粉狀再裝瓶即可。

 香草鹽運用範圍廣泛，除作為烹調外，
部分搭配更可以做為芳香劑、防潮劑等使用。

羅勒青醬

使用介紹

風味濃郁、適合各式料理調味沾醬、麵食拌醬及燉飯等。

材料

新鮮甜羅勒 70g 及義大利香芹 30g、橄欖油 100g
杏仁粒 10 顆、新鮮大蒜粒 3 顆、帕瑪森起司粉 30g
奶油 30g（融化）、鹽 2 大匙、蜂蜜少許

作法

❶ 將新鮮甜羅勒及義大利香芹漂洗，晾乾待用。

❷ 將杏仁粒放入烤箱，以攝氏 100 度烘烤出香味。

❸ 將橄欖油及大蒜粒放入料理機混合打碎。

❹ 陸續將烘烤後的杏仁粒及新鮮香草放入。

❺ 再將帕瑪森起司粉及奶油加入混合。

❻ 最後將鹽及蜂蜜加入調成適當口味。

❼ 裝入高溫消毒後的玻璃瓶內（加入適當橄欖油，油需高過所有材料，可延長保存期限）。

茴香醬

使用介紹

適合中式麵食青菜等拌醬，或是饅頭沾醬等。

材料

茴香一把、蒜仁、紅辣椒
鹽、糖、橄欖油

作法

1 新鮮茴香洗淨後，熱水燙過切碎備用。

2 蒜仁及新鮮紅辣椒洗淨切碎後，加入茴香混合。

3 橄欖油加熱後，倒入 1/2 熱油攪拌，再加入剩下的 1/2 油。

4 準備消毒後的玻璃瓶，起鍋裝入瓶中，封蓋倒扣即可保持真空。

 小提醒 開封後必需放入冰箱冷藏，盡量在 3 個月內食用完畢。

醋

百里香葡萄醋

使用介紹

芳香可口，冷熱飲均適合，亦可搭配氣泡水，但需稀釋。

材料

百里香 20g 及芳香萬壽菊葉少許
無籽黑葡萄 200g、糯米醋 200g、冰糖 200g

作法

❶ 先將葡萄洗淨後擦乾。

❷ 準備好洗淨並消毒過的玻璃瓶一只。

❸ 將百里香與芳香萬壽菊漂洗後晾乾。

❹ 將葡萄與冰糖、香草（略用湯匙按壓）依序裝入約 8 分滿即可。

❺ 最後將醋倒入，需蓋過香草與葡萄。

❻ 瓶蓋轉緊，約 1 個月即可飲用。

醋

義大利馬郁蘭蘋果醋

使用介紹

搭配橄欖等植物油製成油醋醬，或稀釋飲用。

材料

新鮮馬郁蘭 20g、蘋果切塊 200g
冰糖 200g、糯米醋 200g

作法

1. 先將蘋果洗淨後去皮切塊，如確定無農藥，也可不去皮。
2. 準備好洗淨並消毒過的玻璃瓶一只。
3. 將切塊後的蘋果與冰糖及香草依序裝入約 8 分滿即可。
4. 將義大利馬郁蘭放入，並用湯匙略為壓碎。
5. 最後將醋倒入，需蓋過香草與蘋果塊。
6. 瓶蓋轉緊，約 1 個月即可飲用。

 香草醋可添加在沙拉中，或用熱水、溫水、冷水、冰水稀釋後飲用，一年四季都適合品嘗。

尤加利香草膏

使用介紹

天然植物萃取，皮膚保健使用，

對於因擦傷、蚊蟲咬傷等，有修復作用。

材料

到手香 400 克、薄荷 100 克、尤加利（檸檬桉）20 克

橄欖油 500 克（原液約 350 克）、蜜蠟 80 克（約原液的 1/4）

薄荷腦 40 克（不超過蜜蠟 1/2，蠶豆症及過敏者可不加）

薰衣草精油約 35 滴

作法

❶ 先將香草葉片摘取下來，漂洗後晾乾。

❷ 可將香草撕成小片，加速成分釋放。

❸ 將橄欖油及撕成小片的香草一起放入鍋內，並以小火慢炸。

❹ 炸至香草葉片呈酥脆狀即可。瀝出香草，即為香草膏原液。

❺ 趁熱加入蜜蠟，繼續攪拌融化，熔點約 70℃。

❻ 等溫度降至約 55℃時，滴入薰衣草精油，最後加入薄荷腦。

❼ 倒入容器內，等放涼後加蓋即可完成。

膏

澳洲茶樹香草膏

使用介紹

對於因擦傷、蚊蟲咬傷等，有修復作用。

因為採用天然植物萃取，非常適合皮膚保健使用，

材料

到手香 250 克、薄荷 100 克、澳洲茶樹 200 克

橄欖油 500 克（原液約 350 克）、蜜蠟 80 克（約原液的 1/4）

薄荷腦 40 克（不超過蜜蠟 1/2，蠶豆症及過敏者可不加）

薰衣草精油約 35 滴

作法

① 先將香草葉片摘取下來，漂洗後晾乾。

② 可將香草撕成小片，加速成分釋放。

③ 將橄欖油及撕成小片的香草一起放入鍋內，並以小火慢炸。

④ 炸至香草葉片呈酥脆狀即可。瀝出香草，即為香草膏原液。

⑤ 趁熱加入蜜蠟，繼續攪拌融化，熔點約 70℃。

⑥ 等溫度降至約 55℃時，滴入薰衣草精油，最後加入薄荷腦。

⑦ 倒入容器內，等放涼後加蓋即可完成。

 到手香具有消腫止癢及消炎幫助。薄荷則有止癢清涼幫助。尤加利具有殺菌及止痛幫助。薰衣草精油自古以來就有皮膚舒緩及修復幫助。薄荷腦則是清涼感並減輕皮膚不適感。蜂蠟可幫助潤膚並淨化抗菌。

附錄一　中文科屬筆畫索引（圖鑑排序）

附錄二 中文名稱筆畫索引

字首筆畫	植物中文名稱	英名	學名	頁碼
4	冇骨消	Taiwan Elder	*Sambucus formosana Nakai*	77
4	五彩辣椒	Ornamental pepper	*Capsicum annuum*	89
4	火鳥茴藿香	Firebird Agastache	*Agastache* sp. 'Firebird'	131
4	日本薄荷	Japanese Mint	*Mentha arvensis piperascens*	148
4	中國薄荷	Field Mint	*Mentha haplocalysx*	149
4	牙買加薄荷	Jamaican mint	*Micromeria viminea*	161
4	斗篷草	Lady 's mantle	*Alchemilla vulgaris*	254
5	白斑檸檬百里香	Silver Queen Lemon Thyme	*Thymus* x *citriodorus* 'Silver Queen'	107
5	白千層	Cajuput Tree	*Melaleuca leucadendra*	177
5	白龍船	White Glorybower	*Clerodendrum paniculatum* f. *album*	184
5	白鶴靈芝	Bignose Rhinacanthus	*Rhinacanthus nasutus*	249
5	白鼠尾草	White Sage	*Salvia apiana*	140
5	巧克力薄荷	Chocolate Mint	*Mentha* x *piperita* 'Chocolate'	155
5	巧克力天竺葵	Chocolate-mint Geranium	*Pelargonium quercifolium* 'Chocolate-mint'	195
5	台灣天仙果	Taiwan Fig-tree	*Ficus formosana Maxim*	95
5	台灣香蜂草	Bee Balm	*Melissa axillaria*	123
5	台灣澤蘭	Taiwan Agrimony	*Eupatorium formosanum Hayata*	223
5	石菖蒲	Licorice Flag／Gross-leaved sweet flag	*Acorus gramineus*	48
5	玉山石竹	Yushan Pink	*Dianthus pygmaes Hayata*	62
5	古巴辣椒	Habanero Chili Pepper	*Capsicum chinense* cv. 'Habanero'	90
5	仙草	Mesona	*Mesona procumbens Hems*	102
5	冬日風輪草	Winter Savory	*Satureja montana*	125
5	田代氏黃芩	Tashiroi Skullcap	*Scutellaria tashiroi*	132
5	矢車菊	Cornflower	*Centaurea cyanus*	196
5	奶薊	Milk Thistle	*Silybum marianum*	198
6	西番蓮	Passion Fruit	*Passiflora edulis*	72
6	西班牙薰衣草	Spanish Lavender	*Lavendula stoechas*	169

字首筆畫	植物中文名稱	英名	學名	頁碼
6	西洋牡荊	Chaste Tree	*Vitex agnus-castus* L.	185
6	西洋蒲公英	Common Dandelion	*Taraxacum officinale*	221
6	西洋蓍草	Yarrow	*Achillea millefolium*	222
6	肉桂羅勒	Cinnamon Basil	*Ocimum basilicum* 'Cinnamon'	171
6	肉桂	Chinese cinnamon	*Cinnamomum cassia*	237
6	艾草	Asiatic Mugwort	*Artemisia princeps*	200
6	艾菊	Tansy	*Tanacetum vulgare*	212
6	羊耳草	Lamb's ear	*Stachys byzantina*	103
6	百里香	Common Thyme	*Thymus vulgaris*	104
6	羽葉薰衣草	Pinnate Lavender	*Lavandula pinnata*	164
6	灰姑娘薰衣草	Gray Lady Lavender	*Lavendula intermedia* 'Gray Lady'	168
6	防蚊樹	Citrosa Mosquito Fighter Geranium	*Pelargonium* 'Citrosa'	192
6	向日葵	Sunflower	*Helianthus annuus* Linn.	199
6	印度檀香	Sandalwood East Indian	*Santalum album*	253
7	杏果天竺葵	Apricot Grranium	*Pelargonium scabrum* 'M.Ninon'	193
7	角菜	White Mugwort	*Artemisia lactiflora*	201
7	何首烏	Heshouwu	*Polygonum multiflorum*	243
7	赤道櫻草	Creeping Foxglove	*Asystasia gangetica*	250
7	阿里山油菊	Alisan Chysanthemum	*Dendranthema arisanense*	216
8	金雀花	Common Broom	*Cytisus scoparius*	73
8	金銀花	Honeysuckle	*Lonicera japonica*	74
8	金絲桃	St. John's Wort／Hypericum	*Hypericum* spp.	82
8	金蓮花	Nasturtium	*Tropaeolum majus*	84
8	金錢薄荷	Ground Ivy	*Glechoma hederacea* L.	110
8	金盞花	Pot marigold	*Calendula officinalis* L.	204
8	亞柏迷迭香	Arp Rosemary	*Rosmarinus officinalis* 'Arp'	113
8	亞麻	Flax	*Linum usitatissimum*	81

字首筆畫	植物中文名稱	英名	學名	頁碼
8	亞歷山大野草莓	Wild Strawberry	*Fragaria vesca* 'Alexandria'	256
8	玫瑰月見草	Rose Oenothera	*Oenothera rosea*	93
8	玫瑰天竺葵	Rose Geranium	*Pelargonium graveolens*	190
8	芝麻菜	Rocket	*Eruca vesicaria* (L.) Cav.	42
8	刺五加	Siberian Ginseng Ciwujia	*Eleutherococcus senticosus*	50
8	肥皂草	Soapwort	*Saponaria officinalis*	63
8	芸香	Rue	*Ruta graveolens* Linn.	79
8	抱木迷迭香	Lockwood Rosemary	*Rosmarinus officinalis* 'Lockwood'	113
8	到手香	Indian Borage	*Plectranthus amboinicus*	119
8	青紫蘇	Green Perilla	*Perilla frutescens* 'Viridis'	134
8	松紅梅	Manuk	*Leptospermum scoparium*	178
8	芳香萬壽菊	Lemon Mint Marigold	*Tagetes lemmonii*	220
8	咖哩草	Curry Plant	*Helichrysum italicum*	224
8	虎杖	Tiger Stick	*Polygonum cuspidatum*	242
8	刺芫荽	Culantro	*Eryngium foetidum*	261
8	芫荽	Coriander	*Coriandrum sativum*	270
9	香茅草	Nardus Lemongrass	*Cymbopogon nardus*	60
9	香蜂草	Lemon balm	*Melissa officinalis*	122
9	香蕉薄荷	Banana Mint	*Mentha* x *arvensis* 'Banana'	154
9	香桃木	Myrtle	*Myrtus communis*	179
9	香菫菜	Wild Pansy	*Viola tricolor*	229
9	香水樹	Ylang Ylang	*Cananga odorata*	230
9	香蓼	Knotweed	*Polygonum viscosum*	243
9	香蘭	Pandan	*Pandanus amaryllifolius*	272
9	紅花益母草	Mother-wort	*Leonurus japonicus*	128
9	紅紫蘇	Purple Perilla	*Perilla frutescens*	133
9	紅脈羊蹄	Bloody Dock	*Rumex sanguineus*	239

字首 筆畫	植物中文名稱	英名	學名	頁碼
9	茉莉	Arabian Jasmine	*Jasminum sambac* (L.) Ait	56
9	枸杞	Chinese Wolfberry	*Lycium chinense*	87
9	迷迭香	Common Rosemary	*Rosmarinus officinalis*	112
9	匐匐迷迭香	Severn Sea Rosemary	*Rosmarinus officinalis* 'Severn Sea'	114
9	柳橙薄荷	Orange Mint	*Mentha aquatic* 'Citrata'	153
9	柳葉馬鞭草	Purpletop Vervain	*Verbena bonariensis*	187
9	俄羅斯龍艾	Russian Tarragon	*Artemisia dracunculus dracunculoides*	203
9	南嶺蕘花	Indian Wikstroemia	*Wikstroemia indica*	231
9	英國薄荷	English Mint	*Mentha x spicata* cv.	149
9	胡椒薄荷	Peppermint	*Mentha x piperita*	154
9	穿心蓮	Common Andrographis	*Andrographis paniculata*	252
10	茴香菖蒲	Fennel Flag / Fennel Calamns	*Acoras calamus* L.	49
10	茴香	Fennel	*Foeniculum vulgare*	262
10	茴藿香	Anise Hyssop	*Agastache foeniculum*	130
10	馬丁香茅	Gingergrass	*Cymbopogon martinii*	61
10	馬蜂橙	Kaffir Lime	*Citrus hystrix*	80
10	馬郁蘭	Sweet marjoram	*Origanum majorana*	100
10	馬鞭草	Vervain	*Verbena officinalis*	186
10	馬蘭	Field Aster	*Kalimeris indica*	208
10	泰國辣椒	Thai Chili Pepper	*Capsicum annuum* 'Thai'	89
10	泰國羅勒	Thai Basil	*Ocimum basilicum* var. 'thyrsiflora'	172
10	桔梗蘭	Swordleaf Dianella	*Dianella ensifolia* (L.) DC.	69
10	桔梗	Chinese Bellflower	*Platycodon grandiflorus*	97
10	素馨	Common Jasmine	*Jasminum officinale*	57
10	倒地蜈蚣	Wishbone plan	*Torenia concolor* Lindl.	66
10	針葉迷迭香	Pine Rosemary	*Rosmarinus angustifolia*	114
10	夏日風輪草	Summer Savory	*Satureja hortensis*	124

字首筆畫	植物中文名稱	英名	學名	頁碼
10	海索草	Hyssop	*Hyssopus officinalis*	129
10	粉萼鼠尾草	Mealy Sage	*Salvia farinacea* Benth.	143
10	茱麗亞甜薄荷	Julia's Sweet Citrus Mint	*Mentha spicata* 'Julia's Sweet Citrus'	159
10	狹葉薰衣草	Common Lavender	*Lavendula angustifolia*	162
10	桃金孃	Downy Rosemyrtle	*Rhodomyrtus tomentosa Hassk*	182
10	茵陳蒿	Mosquito Wormwood	*Artemisia capillaris*	202
10	琉璃苣	Borage	*Borago officinalis*	226
10	峨蔘	Chervil	*Anthriscus cerefolium*	264
11	甜薰衣草	Sweet Lavende	*Lavandula* x *heterophylla*	166
11	甜羅勒	Sweet Basil	*Ocimum basilicum* 'Sweet Salad'	170
11	甜菊	Stevia	*Stevia rebaudiana*	209
11	甜萬壽菊	Sweet Marigold	*Tagetes lucida*	219
11	細本山葡萄	Taiwan wild grape	*Ampelopsis thunbergii*	232
11	細香蔥	Chives	*Allium schoenoprasum*	234
11	魚腥草	Hot Tuna	*Houttuynia cordata*	46
11	接骨木	Common Elder	*Sambucus nigra*	76
11	蛇麻草	Hop	*Humulus lupulus*	94
11	梔子花	Cape jasmine	*Gardenia jasminoides*	175
11	康復力	Comfrey	*Symphytum officinale* Linn.	227
11	蛇莓	Mock Strawberry	*Duchesnea indica*	257
12	紫羅蘭	Stock	*Matthiola incana*	43
12	紫梗羅勒	Taiwan Basil	*Ocimum basilicum*	173
12	紫紅鼠尾草	Purple Sage	*Salvia officinalis* 'Purpurea'	141
12	紫色印記薰衣草	Impress purple Lavander	*Lavandula* x *intermedia* 'Impress purple'	166
12	紫紅羅勒	Dark Opal Basil	*Ocimum americanum* 'Lemon 'Dark Opal'	173
12	紫錐花	Coneflower	*Echinacea purpurea*	214
12	紫茴香	Bronze Fennel	*Foeniculum vulgare* 'Purpurascens'	263

字首 筆畫	植物中文名稱	英名	學名	頁碼
12	斑葉魚腥草	Tricolor Hot Tuna	*Houttuynia cordata* 'Chameleon'	47
12	斑葉金蓮花	Alaska Nasturtium	*Tropaeolum majus* 'Alaska'	85
12	斑葉金錢薄荷	Variegated Creeping Charlie	*Glechoma hederacea* 'Variegata'	111
12	斑葉迷迭香	Variegated Rex Rosemary	*Rosmarinus officinalis* 'Rex Variegata'	115
12	斑葉到手香	Margined Spanish Thyme	*Plectranthus amboinicus* ' Variegata'	120
12	斑葉胡椒薄荷	Variegated Peppermint	*Mentha* x *piperita* 'Variegata'	155
12	斑葉艾蒿	Golden Mugwort	*Artemisia vulgaris* 'Variegata'	201
12	斑葉赤道櫻草	無	*Asystasia gangetica* 'Variegata'	251
12	黃金奧勒岡	Golden Oregano	*Origanum vulgare* 'Aureum'	100
12	黃斑檸檬百里香	Golden Lemon Thyme	*Thymus* x *citriodorus* 'Aureus'	107
12	黃金香蜂草	All Gold Lemon balm	*Melissa officinalis* 'All Gold '	123
12	黃斑鼠尾草	Golden Sage	*Salvia officinalis* 'Aurea'	140
12	黃斑鳳梨鼠尾草	Gold Pineapple Sage	*Salvia elegans* 'Gold'	142
12	萊姆薄荷	Lime Mint	*Mentha aquatic* 'Lime'	156
12	萊姆羅勒	Lime Basil	*Ocimum americanum* 'Lime'	171
12	普列薄荷	Pannyroyal	*Mentha pulegium*	156
12	普羅旺斯薰衣草	Provence Lavender	*Lavandula* x *intermedia* 'Provence'	168
12	黑種草	Nigella	*Nigella sativa* Linn.	51
12	普拉特草	Pratia	*Lobelia nummularia* Lam.	96
12	越南芫荽	Vietnamese Coriander	*Persicaria odorata*	241
12	越南薄荷	Vietnamese Mint	*Mentha* x *gracilis*	150
12	棉杉菊	Santolina	*Santolina chamaecyparissus*	211
12	棉毛薰衣草	Woolly Lavender	*Lavandula lanata*	165
12	港口馬兜鈴	Zollinger Dutchman's pipe	*Aristolochia zollingeriana*	183
12	朝鮮薊	Artichoke	*Cynara cardunclus*	215
12	棣堂花	Kerria	*Kerria japonica*	258

字首筆畫	植物中文名稱	英名	學名	頁碼
13	奧勒岡	Oregano	*Origanum vulgare*	99
13	奧地利薄荷	Austrian Mint	*Mentha* x *gracilis*	151
13	鼠麴草	Cudweed	*Gnaphalium affine*	217
13	鼠尾草	Common Sage	*Salvia officinalis*	138
13	義大利奧勒岡	Italian oregano	*Origanum* x *majoricum*	101
13	義大利香芹	Italian Parsely	*Petroselinum crispum* 'neapolitanum'	267
13	萱草	Day Lily	*Hemerocallis* spp.	70
13	蜂香薄荷	Bergamot	*Monarda didyma*	136
13	聖羅勒	Holy Basil	*Ocimum tenuiflorum*	174
13	椰香天竺葵	Coconut Geranium	*Pelargonium grossularioides*	193
13	萬壽菊	African Marigold	*Tagetes erecta*	218
13	瑞士薄荷	Swiss Mint	*Mentha* x *piperita* 'Swiss'	150
13	葡萄柚薄荷	Grapefruit Mint	*Mentha* x *piperita* 'Grape fruit'	158
14	銀葉百里香	Silver Thyme	*Thymus vulgaris* 'Argenteus'	105
14	銀薄荷	Silver Mint	*Mentha longifolia*	147
14	銀霧	Silver Mound Wormwood	*Artemisia schmidtiana* 'Nana'	202
14	鳳梨鼠尾草	Pineapple Sage	*Salvia elegans*	141
14	鳳梨薄荷	Pineapple Mint	*Mentha suaveolen* 'Variegata'	157
14	蜿蜒香茅	East Indian Lemongrass	*Cymbopogon flexuosus*	61
14	辣椒	Pepper	*Capsicum annuum* L.	88
14	管蜂香草	Wild Bergamot	*Monarda fistulose*	137
14	綠薄荷	Spearmint	*Mentha spicata*	146
14	蒜香藤	Garlic Vine	*Pseudocalymma alliaceum*	228
14	酸模	Sorrel	*Rumex acetosa*	238
14	蒔蘿	Dill	*Anethum graveolens*	265

字首筆畫	植物中文名稱	英名	學名	頁碼
15	皺葉紅紫蘇	Crisp Purple Perilla	*Perilla frutescens* 'Crispa'	134
15	皺葉青紫蘇	Crisp Green Perilla	*Perilla frutescens* 'Viridis crispa'	135
15	皺葉綠薄荷	Curled Spearmint	*Mentha spicata* 'Crispa'	148
15	皺葉羊蹄	Curled Dock	*Rumex crispus*	240
15	寬葉百里香	Wild Thyme	*Thymus pulegioides*	106
15	寬葉迷迭香	Rex Rosemary	*Rosmarinus officinalis* 'Rex'	115
15	德瑞克薰衣草	Devantville Lavender	*Lavandula* x *allardii* 'Devantville'	167
15	德國洋甘菊	German Chamomile	*Matricaria recutita*	197
15	歐芹	Parsely	*Petroselinum crispum*	266
15	歐當歸	Lovage	*Levisticum officinale*	268
15	醉魚木	Butterfly Bush	*Buddleja davidii*	98
15	鋪地百里香	Creeping Thyme	*Thymus praecox*	105
15	廣藿香	Potchouli	*Pogostemon cablin*	109
15	墨西哥鼠尾草	Mexican Sage	*Salvia leucantha*	143
15	齒葉薰衣草	Dentata Lavender	*Lavandula dentata*	165
15	樟腦苦艾	Camphor Southernwood	*Artemisia camphorate*	203
16	貓苦草	Cat Thyme	*Teucrium marum*	118
16	貓穗草	Catnip	*Nepeta cataria*	126
16	貓薄荷	Catmint	*Nepeta* x *faasenii*	127
16	貓鬚草	Cat's-whiskers	*Orthosiphon aristatus Blume*	145
16	橄欖樹	Olive Tree	*Olea europaea*	54
16	龍葵	Black Nightshade	*Solanum nigrum*	86
16	橙蜂香薄荷	Lemon Bergamot	*Monarda citriodora*	137
16	澳洲茶樹	Tea tree	*Melaleuca alternifolia*	176
16	鴨兒芹	Honewort	*Cryptotaenia japonica*	269
17	韓國薄荷	Korean Mint	*Agastache rugosa*	131
17	蕾絲薰衣草	Dentelle Lavender	*Lavendula angustifolia* 'Dentelle'	169

字首筆畫	植物中文名稱	英名	學名	頁碼
17	樓斗菜	Easten Red Columbine	*Aguilegia vulgaris* L.	53
17	薑黃	Turmeric	*Curcuma longa*	246
18	檸檬香茅	Lemongrass	*Cymbopogon citratus*	58
18	檸檬百里香	Lemon Thyme	*Thymus* x *citriodorus*	106
18	檸檬羅勒	Lemon Basil	*Ocimum americanum* 'Lemon'	172
18	檸檬桉	Lemon Eucalyptus	*Eucalyptus citriodora*	180
18	檸檬馬鞭草	Lemon Verbena	*Aloysia triphylla*	188
18	檸檬天竺葵	Lemon Geranium	*Pelargonium crispum*	191
18	檸檬玫瑰天竺葵	Lemon-Rose Geranium	*Pelargonium graveolens* 'Rober's Lemon-Rose'	191
18	檸檬到手香	Tulsi	*Plectranthus hadiensis* 'tomentosum'	121
18	藍莓	Blueberry	*Vaccinium* spp.	78
18	藍小孩迷迭香	Blue Boy Rosemary	*Rosmarinus officinalis* 'Blue Boy'	116
18	藍河薰衣草	Blue River Lavender	*Lavendula angustifolia* 'Blue River'	167
18	藍桉	Blue Eucalyptus	*Eucalyptus globulus*	181
18	藍冠菊	Brazilian Buttonflower	*Centratherum punctatum*	210
18	薰衣草天竺葵	Old spice Geranium	*Pelargonium* x *fragran* 'Logeei'	194
18	覆盆子	Raspberry	*Rubus idaeus*	260
19	羅馬薄荷	Roman mint	*Micromeria thymifolia*	160
19	羅馬洋甘菊	Roman Chamomile	*Chamaemelum nobile*	205
20	蘆筍	Asparagus	*Asparagus officinalis*	68
20	蘆薈	Aloe	*Aloe vera* L.	71
20	蘋果桉	Apple Eucalyptus	*Eucalyptus bridgesiana*	181
20	蘋果天竺葵	Apple Geranium	*Pelargonium ordoratissimum*	194
20	蘋果薄荷	Apple Mint	*Mentha suaveolens*	158
20	蘇格蘭薄荷	Scotch spearmint	*Mentha gracilis*	152

HERBS
香草百科
2023年 暢銷改版
品種、栽培與應用全書

作者	尤次雄	發行人	何飛鵬
審訂	吳昭祥、張元聰	事業群總經理	李淑霞
社長	張淑貞	出版	城邦文化事業股份有限公司・麥浩斯出版
總編輯	許貝羚	地址	104 台北市民生東路二段 141 號 8 樓
主編	鄭錦屏	電話	02-2500-7578
特約美編	莊維綺	傳真	02-2500-1915
攝影	陳家偉、田碧鳳、小崗	購書專線	0800-020-299
協力示範	王郁雯		
行銷企劃	洪雅珊、呂玠蓉		

發行　英屬蓋曼群島商家庭傳媒股份有限公司城邦分公司
地址　104 台北市民生東路二段141號2樓
電話　02-2500-0888
讀者服務電話　0800-020-299（9:30AM~12:00PM；01:30PM~05:00PM）
讀者服務傳真　02-2517-0999
讀者服務信箱　csc@cite.com.tw
劃撥帳號　19833516
戶名　英屬蓋曼群島商家庭傳媒股份有限公司城邦分公司

香港發行城邦〈香港〉出版集團有限公司
地址　香港灣仔駱克道193號東超商業中心1樓
電話　852-2508-6231
傳真　852-2578-9337
Email　hkcite@biznetvigator.com

馬新發行　城邦（馬新）出版集團 Cite (M) Sdn Bhd
地址　41, Jalan Radin Anum, Bandar Baru Sri Petaling,57000 Kuala Lumpur, Malaysia.
電話　603-9057-8822
傳真　603-9057-6622
Email　services@cite.my

製版印刷　凱林印刷事業股份有限公司
總經銷　聯合發行股份有限公司
地址　新北市新店區寶橋路235巷6弄6號2樓
電話　02-2917-8022
傳真　02-2915-6275

版次　初版一刷 2015年10月
　　　三版一刷 2023年6月
定價　新台幣650元／港幣217元

Printed in Taiwan
著作權所有 翻印必究

國家圖書館出版品預行編目（CIP）資料

Herbs 香草百科：品種、栽培與應用全書 / 尤
次雄著 . -- 三版 . -- 臺北市：城邦文化事業股
份有限公司麥浩斯出版：英屬蓋曼群島商家庭
傳媒股份有限公司城邦分公司發行, 2023.06
　　面；　公分
ISBN 978-986-408-928-4（平裝）

1.CST: 香料作物 2.CST: 栽培

434.193　　　　　　　　　　112005165